U0208464

内容简介

本书从盐碱胁迫对棉花生长的影响与营养调控研究出发，通过多年盆栽试验和土柱试验，系统、全面地介绍了编者课题组自 2015 年以来开展的盐碱胁迫对棉花生长生理影响的相关研究工作。本书共分十章，主要内容包括不同盐碱胁迫对棉花种子萌发的影响、不同盐碱胁迫下棉花耐盐特性研究、不同盐碱胁迫下棉花离子组响应特征、不同盐碱胁迫下棉花维持离子稳态的分子机制、复合盐碱与单一盐碱胁迫对棉花生长影响的差异性比较、复合盐碱与单一盐碱胁迫对棉花离子组响应特征的差异性比较、复合盐碱与单一盐碱胁迫对棉花相关基因表达影响的差异性比较、磷对盐碱胁迫下棉花生长和离子组的影响、微量元素对盐碱胁迫下棉花生长和离子组的影响、棉花 Na^+ 转运相关基因表达对磷和微量元素的响应。本书是国家自然科学基金项目"不同盐碱胁迫下棉花离子组响应特征与离子稳态机制研究"、农业农村部西北绿洲农业环境重点实验室开放基金资助课题"棉花离子稳态对盐碱胁迫的响应研究"、石河子大学高层次人才科研启动资金项目"不同盐碱胁迫下矿质养分对棉花离子稳态的调控及其机制研究"和石河子大学青年创新人才培育项目"棉花耐盐生理代谢机制和营养调控"等的研究成果，通过多年的试验，希望能够为全面认识和理解棉花耐盐机理和棉花耐盐品种选育提供参考，同时为盐渍土壤棉花的离子调控和合理施肥提供理论依据。本书是一本区域性的农业学科专著，可用作西北干旱地区农林院校相关专业的参考书，还适宜用作科研人员和技术培训的教材。

盐碱胁迫对棉花生长的影响及其生物学机制

闵 伟 侯振安 郭慧娟 主编

中国农业出版社

北 京

编　委　会

主　编　闵　伟（石河子大学农学院）

　　　　侯振安（石河子大学农学院）

　　　　郭慧娟（石河子大学农学院）

副主编　姜　艳（石河子大学农学院）

　　　　郭家鑫（石河子大学农学院）

　　　　叶　扬（石河子大学农学院）

　　　　杨　涛（阿克苏地区农业技术推广中心）

参　编　李双男（山东石油化工学院）

　　　　孙嘉璘（石河子大学农学院）

　　　　马丽娟（石河子大学农学院）

　　　　郭晓雯（石河子大学农学院）

　　　　杨茂琪（石河子大学农学院）

Foreword | 前言

  土壤盐渍化是全世界范围内的一个难题，严重影响土壤养分利用与生产力提升，已经成为农业可持续发展的主要障碍。2021 年世界土壤日主题为"防止土壤盐渍化，提高土壤生产力"，旨在应对土壤管理中日益严峻的挑战，防治土壤盐碱化，提高土壤意识。盐渍土广泛分布于全球 100 多个国家和地区，我国盐渍土面积 9 913 万 hm^2，约占世界盐渍土面积的 1/10。盐渍土是指土壤中存在较高浓度的可溶性盐离子，对土壤的物理、化学、生物等特性和植物生长造成不利影响的各种类型土壤的统称，包括盐化土壤、碱化土壤、盐土和碱土等。新疆是我国盐渍土面积分布最广，积盐最重，盐碱化类型最多的地区。新疆盐渍土分布区土壤 pH 在 8.5 以上，土壤偏碱性是新疆盐渍土的一个重要特征。中性盐（$NaCl$、Na_2SO_4）和碱性盐（$NaHCO_3$、Na_2CO_3）是农田盐渍土的主要成分，它们是既相关又有本质区别的非生物胁迫，作物自然也会产生不同的响应和耐盐机制。国内外针对 $NaCl$ 胁迫下作物的耐盐机制开展了大量研究，而对于其他盐分类型的研究还不够系统深入。

  盐胁迫对作物生长的危害主要包括离子毒害、渗透胁迫、营养失衡、激素失调及氧化损伤等；破坏质膜结构，抑制光合作用，产生有毒代谢物和减少养分吸收，最终导致植物死亡。正是由于盐胁迫对作物产生了众多不同的影响，作物自身也有许多机制来适应盐胁迫。这些机制可以分为三类：渗透耐受、离子外排和组织耐受。作物耐盐机制一直是国内外研究的热点，其最终目标就是减轻盐分的负面影响，提高盐渍土壤中作物维持生长和产量的能力。有研究发现在缓解盐胁迫造成的危害方面，添加外源保护剂（如渗透调节物、激素、抗氧化剂、信号分子等）可提高作物耐盐性，促进作物生长，提高产量。因此，认识和理解作物耐盐机制是合理调控提高作物耐盐性的重要基础。而碱胁迫下除包括盐胁迫引起的渗透和离子胁迫外，还包括高 pH 产生的负面影响。碱性土壤的高 pH 会抑制根系对离子的吸收，改变土壤养分有效性，导致作物离子和矿质营养失衡。相关研究认为，碱胁迫对作物生长造成的危害远大于盐胁迫。但是，目前关于不同类型盐胁迫的研究还很少，对于不同盐碱胁迫下作物耐盐机制的认识还严重不足。

新疆作为我国棉花主产区，棉花的种植面积和总产量约占全国的74%和83%。棉花种植是新疆农民的主要增收途径，据统计，棉花产值占新疆农业总产值的40%～60%，农民纯收入中约35%来自棉花收入。棉花具有较高的耐盐性，是开发利用盐碱地的"先锋作物"，常作为研究作物耐盐机制的模式植物，因此研究棉花耐盐机制受到了广泛的重视。揭示不同盐碱胁迫下棉花的耐盐机制，对于提高棉花耐盐性、促进新疆棉花生产发展具有重要的科学意义。国内外围绕棉花耐盐机理、耐盐特性及提高棉花耐盐性的途径等方面开展了诸多研究，取得了多方面的进展。但是由于所用材料、测定方法等的差异，所得结论也不尽一致，目前棉花耐盐机理方面尚存在争议。作物耐盐性是一个非常复杂的问题，涉及多种防御机制，包括离子稳态、渗透平衡和活性氧消除。高盐环境下，作物通过调控离子转运、维持离子稳态来应对营养失衡；产生渗透调节物如脯氨酸、甜菜碱等来抵御离子和渗透胁迫；保护细胞氧化还原平衡以防御盐诱导的活性氧胁迫。虽然不同作物的耐盐方式和机理有所不同，但维持稳定的细胞内矿质离子含量（离子稳态）是作物适应盐胁迫的关键机制。矿质元素不仅为作物生长提供营养，也参与各种生理代谢过程，以多种方式直接或间接地影响作物耐盐性。有研究指出植物抗盐生理本质上就是矿质营养问题，所以应该从矿质营养角度入手去研究植物对矿质离子的吸收、分配和调控机理。尽管每种元素对作物生长都有其独特的生理功能，但其最主要的功能是保持细胞内的电中性，即离子稳态。作物一切耐盐生理活动都是以维持离子稳态为最终目的。因此，理解盐胁迫下棉花的离子稳态机制是全面揭示棉花耐盐机制的重要方面。

盐胁迫会导致作物矿质离子失衡，进而改变代谢、抑制生长，可对于盐胁迫下离子含量和植物代谢之间的相互作用却知之甚少。维持细胞内离子稳态是植物体内所有矿质元素共同作用的结果，而不是某一种或几种元素单方面作用，需要考虑到复杂的离子网络。离子组是由生物体的矿质营养和痕量元素组成，用于表征细胞和生物系统的无机组分。离子组学采用高通量分析手段（ICP‑AES、ICP‑MS、XRF等）定量研究生物体的离子组特征，为认识和理解元素—元素、元素—基因、元素—环境间的关系，以及元素的生理生化功能提供了重要的研究途径。盐胁迫下，Na^+通过K^+通道和K^+转运蛋白进入植物细胞内，从而打破植物体内原有的离子稳态。植物为了适应盐胁迫，必须要改变细胞的离子组以达到一个新的平衡。因此，明晰盐胁迫下作物离子组的响应特征可为从离子角度调控以提高棉花耐盐性提供理论基础，同时也是揭示棉花离子稳态机制的重要依据。为了应对盐环境，棉花存在一个复杂的网络来调控其对矿质营养的选择性吸收、转运及再分配。然而，目前对于各类矿质元素的转运调控途径了解还不全面。转录组测序技术是揭示植物在某种状态下全部 RNA 的表达状态的一种技术，通过转录组测序可以从整体水平上了解响应某种刺激或者某种生长时期的转录状态，也可以特异性地识别某种类型或者某条通路的基因，如转录因子、氧化还原通路、激素信号途径等。离子组与转录组结合可以帮助我们理解盐胁迫下棉花矿质元素的调控分配途径，对于深入揭示棉花的离子平衡机制具有重要意义。

本书从盐碱胁迫对棉花生长影响的生物学机制与调控研究出发，通过多年试验阐明了盐碱胁迫对棉花种子萌发、棉花耐盐特性、棉花离子组响应特征的影响，并从转录组的角度揭示了盐胁迫下棉花的离子稳态机制。这是本书的主要特色。由于我们的研究工作做得还不够深入，加上业务水平和知识能力有限，本书难免存在疏漏和不足之处，恳请各位同行专家和读者批评指正。

最后，感谢国家自然科学基金项目（31660594）、农业农村部西北绿洲农业环境重点实验室开放基金资助课题（XBLZ20214）、石河子大学青年创新人才培育计划项目（CXPY202111）和石河子大学高层次人才启动项目（KX031207）对研究工作的资助。

编　者

2023 年 7 月

Cotents 目录

前言

第一章 ● ● ●
不同盐碱胁迫对棉花种子萌发的影响

棉花有较高的耐盐能力，但土壤含盐量过高会影响棉花生长，导致出苗率降低、产量下降（孙西红，2014）。棉花对盐胁迫最敏感的时期为苗期，出苗难是盐碱地棉花种植最关键的问题。当土壤含盐量在 0.2%～0.3%时出苗困难，0.4%～0.5%时子叶不能出土，大于 0.65%时很难发芽（Rocha et al.，2010）。因此，种子萌发阶段是作物对盐碱胁迫最敏感的时期，对作物生长和产量的形成至关重要（Sattar et al.，2010；渠晓霞，2006）。但由于不同地区盐渍土壤的盐分比例不同，棉花种植的品种不同，得出的耐盐结果也会不同。

盐碱胁迫下，种子萌发是作物能够正常生长发育的第一步。盐碱胁迫对种子萌发的影响有以下几点：首先，盐分导致土壤渗透势降低，阻碍种子吸水从而影响种子正常发芽；其次，高浓度的盐离子会对种胚、幼苗及幼根造成毒害。研究人员还从自由基伤害的观点出发研究盐碱胁迫对种子膜系统的影响，发现在盐碱胁迫下，植物体内自由基显著增加，使活性氧代谢系统平衡被打乱，导致脂类的过氧化，引起种子质膜结构和功能的损伤，从而抑制种子萌发。相关研究发现：低盐胁迫（浓度 0.4%以下）能促进白蜡树、荆条和沙枣种子的萌发，随着盐胁迫浓度的增加种子萌发受到抑制（张洁明 等，2006）。也有研究发现：夏至草种子的发芽率、发芽势等也均随着盐浓度的增加而呈下降趋势（王秀玲，2008）。在不同钠盐胁迫下，中性盐（NaCl）较碱性盐（$NaHCO_3$、Na_2CO_3）更显著地增加了高冰草种子的发芽率（黄立华等，2007）。包奇军等（2015）通过研究 4 种单盐（NaCl、Na_2SO_4、$NaHCO_3$ 和 Na_2CO_3）胁迫对大麦种子发芽势和发芽率的影响，发现大麦种子的发芽势和发芽率等均随单盐胁迫浓度的增加而下降，同时盐害指数随单盐胁迫浓度的增加而显著上升；不同盐碱胁迫对大麦种子发芽势和发芽率的胁迫程度从高到低依次为 Na_2CO_3＞$NaHCO_3$＞Na_2SO_4＞NaCl，但是对大麦芽长和芽重的危害程度从高到低依次为 Na_2CO_3＞Na_2SO_4＞$NaHCO_3$＞NaCl。Liu 等（2010）研究发现盐（NaCl＋Na_2SO_4）胁迫下向日葵的出苗时间明显延迟，发芽率和幼苗存活率均随盐胁迫的增大而显著降低，但在碱（Na_2CO_3＋$NaHCO_3$）胁迫下，虽然幼苗存活率急剧下降，但是向日葵的出苗时间并无延迟，发芽率并无降低。盐胁迫还会影响代谢过程中脂肪酶活性，导致新的有机物无法合成，细胞分裂受到抑制（李寒暝等，2010）。国内外针对棉花种子萌发阶段的耐盐性开展了大量研究（刘剑光等，2010；李寒暝等，2010；王桂峰等，2013），多数集中在单个盐分胁迫对棉花品种的差异性研究，而对不同盐碱类型对棉花种子萌发的研究较少。碱性盐（$NaHCO_3$、Na_2CO_3）和中性盐（NaCl、Na_2SO_4）是两种截然不同的盐胁迫类型。中性盐胁迫对棉花产生的危害主要是渗透效应和离子毒害（王桂峰等，2013），碱性盐胁迫不仅会产生渗透效应和离子毒害，还有高 pH 产生的负面影响（叶武威等，2006）。Javid 等（2012）研究表明：碱性盐胁迫对植物的危害远大于中性盐胁迫。但辛承松等

(2005) 研究发现：棉花对 NaCl 的敏感程度大于 NaHCO₃。不同棉花品种之间耐盐性存在较大差异，本研究选取 6 个棉花品种（新陆早 45、新陆早 61、鲁棉研 24、鲁棉研 28、中棉所 73、中棉所 92）为试验材料，采用不同盐碱类型及浓度的盐碱胁迫进行种子萌发阶段的耐盐性评价，为棉花耐盐碱品种筛选和新疆盐渍土资源的合理利用提供依据，对于棉花耐盐品种筛选和评价具有重要意义。

第一节　种子发芽系数

种子萌发试验于 2015 年在石河子大学绿洲生态重点实验室进行。供试土壤采自试验站农田，土壤类型为灌耕灰漠土，质地为壤土，土壤电导率 0.17 dS/m，pH 8.16，有机质 12.58 g/kg，全氮 0.59 g/kg，有效磷 6.41 mg/kg。

供试棉花品种共 6 个：新陆早 45（X45）、新陆早 61（X61）、鲁棉研 24（L24）、鲁棉研 28（L28）、中棉所 73（Z73）、中棉所 92（Z92）。三种盐分类型分别为：NaCl、Na₂SO₄、Na₂CO₃＋NaHCO₃。试验中，对照（CK）为蒸馏水，NaCl、Na₂SO₄ 和 Na₂CO₃＋NaHCO₃ 分别设置 5 个浓度梯度水平，具体情况如表 1-1 所示。每个处理重复 4 次。

表 1-1　不同盐碱类型及浓度处理

浓度梯度	NaCl (mmol/L)	Na₂SO₄ (mmol/L)	Na₂CO₃＋NaHCO₃		
			pH	Na₂CO₃ (mmol/L)	NaHCO₃ (mmol/L)
CK	0	0	7.06	0.00	0.00
1	50	50	8.60	47.17	1.19
2	100	100	9.03	47.17	5.95
3	150	150	9.71	47.17	35.71
4	200	200	10.14	47.17	119.05
5	300	300	10.47	47.17	357.14

采用双层滤纸培养法，在直径为 10 cm 的已灭菌培养皿中放滤纸两张，摆放饱满的棉种 15 粒。分别向培养皿内添加相应的盐和碱溶液，滴加的溶液量以滤纸充分润湿、倾斜时皿底无溶液为宜，同时确保各处理添加溶液量一致。将培养皿放入温度为（30±1）℃的恒温培养箱内保湿培养。

分别在培养第 3 天和第 7 天观测种子发芽势和发芽率（种子发芽以胚芽突破种皮为标准），计算盐害指数。第 3 天计算发芽势和相对发芽势，第 7 天计算发芽率、相对发芽率和相对盐害率；并以发芽势和发芽率为评价指标，采用隶属函数分析法对不同盐碱胁迫下棉花种子的耐盐性进行综合评价。具体计算公式如下：

发芽势＝发芽种子粒数（3 d）/供试种子数×100%

相对发芽势＝盐处理发芽势/对照发芽势×100%

发芽率＝发芽种子粒数（7 d）/供试种子数×100%

相对发芽率＝盐处理发芽率/相应对照发芽率×100%

$$CG = \frac{100 \times (A_1 + A_2 + \cdots + A_n)}{A_1 t_1 + A_2 t_2 + \cdots + A_n t_n}$$

式中：CG 为发芽系数；A_1，A_2，$\cdots$，A_n 为逐日发芽种子数；t_1，t_2，$\cdots$，t_n 为相应发芽天数。

$$日均发芽率＝总发芽率/总发芽天数$$

$$G_i = \sum G_t/t$$

式中：G_i 为发芽指数；G_t 为在时间 t 的发芽数；t 为相应的发芽天数。

$$相对发芽指数＝处理发芽指数×100/对照发芽指数$$

$$相对盐害率＝(对照发芽率－盐处理发芽率)/对照发芽率×100\%$$

$$u(j) = (X_j - X_{\min})/(X_{\max} - X_{\min})$$

式中：$u(j)$ 为评价指标隶属函数值，$j＝1$，2，3，$\cdots$，n；X_j 表示第 j 个评价指标值；$X_{\min}$ 表示第 j 个评价指标值的最小值；$X_{\max}$ 表示第 j 个评价指标值的最大值。

权重 W_j 的确定采用标准差系数法：

$$V_j = \left[\sum_{i=1}^{n} (X_{ij} - \bar{X}_j)^2 \right]^{1/2} / X_j$$

$$W_j = V_j / \sum_{i=1}^{n} V_j$$

根据各评价指标的隶属函数，求算各棉花品种在不同盐碱胁迫下的耐盐性综合评价值。

$$D = \sum_{i=1}^{n} \left[u(j) W_j \right]$$

式中：D 为各棉花品种在盐碱胁迫下的耐盐性综合评价值，$j＝1$，2，3，$\cdots$，n。

不同盐碱胁迫对棉花种子发芽系数的影响如图 1-1 所示。总体上，种子发芽系数随盐碱胁迫程度的增加而降低。尤其在高 Na_2SO_4（300 mmol/L）和 $Na_2CO_3＋NaHCO_3$

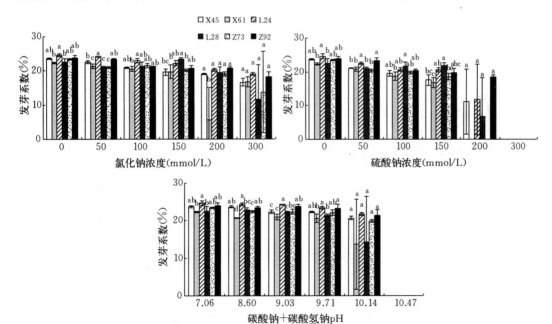

图 1-1　不同盐碱胁迫对棉花种子发芽系数的影响

注：不同小写字母表明 0.05 水平下类型间差异显著。下同。

（pH 10.47）胁迫下，6 个棉花品种的发芽系数均为 0。不同盐碱胁迫下各品种的发芽系数具体表现为：在 NaCl 胁迫下，当浓度为 200 mmol/L 时，X61 发芽系数显著低于其他棉花品种，但其他品种发芽系数无显著差异；当浓度为 300 mmol/L 时，L28 和 Z73 下降幅度较大，但是各品种间发芽系数无显著差异（$P \geqslant 0.05$）。在 Na_2SO_4 胁迫下，当浓度为 200 mmol/L 时，X61 和 Z73 两个品种发芽系数较其他品种显著降低，其发芽系数均为 0；当浓度为 300 mmol/L 时，所有种子发芽系数均为 0，表明供试的 6 个棉花品种均不耐高浓度 Na_2SO_4 胁迫。在 $Na_2CO_3 + NaHCO_3$ 胁迫下，pH 小于 10.14 时，各处理均为 X61 发芽系数最低，L24 最高；pH 为 10.14 时，X61 和 L28 发芽系数降幅最大，但是和其他品种相比差异不显著；当 pH 大于 10.47 时，因受碱害过重，所有棉花品种发芽系数均为 0。

第二节　种子日均发芽率

不同盐碱胁迫对棉花种子日均发芽率的影响如图 1-2 所示。总体上，各棉花品种的日均发芽率随盐碱浓度的增加显著降低。尤其在高 Na_2SO_4（300 mmol/L）和 $Na_2CO_3 + NaHCO_3$（pH 10.47）胁迫下，6 个棉花品种的日均发芽率均为 0。不同盐碱胁迫下各品种的日均发芽率具体表现为：在 NaCl 胁迫下，当浓度大于 100 mmol/L 时，除 Z92 外，其他 5 个品种日均发芽率显著降低，Z92 在浓度为 200 mmol/L 时出现明显降低，表明从日均发芽率角度来看 Z92 耐盐性更强。在 Na_2SO_4 胁迫下，当浓度大于 100 mmol/L 时，各品种日均发芽率均明显下降；当浓度为 200 mmol/L 时，X61 和 Z73 日均发芽率为 0。在 $Na_2CO_3 + NaHCO_3$ 胁迫下，当 pH 为 10.14 时，各品种日均发芽率出现明显下降趋势。

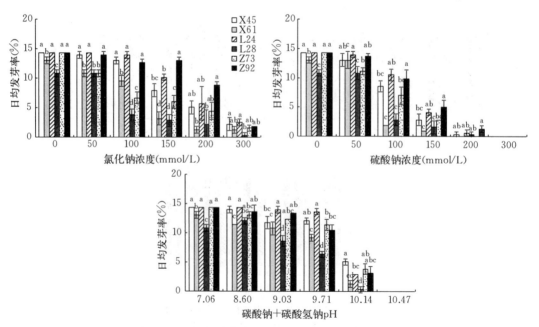

图 1-2　不同盐碱胁迫对棉花种子日均发芽率的影响

第三节　种子相对发芽势

相对发芽势表征了种子萌发的整齐程度。不同盐碱胁迫对棉花种子相对发芽势的影响见图1-3。总体上，各品种的相对发芽势均随盐碱胁迫的增加而显著降低，不同盐碱胁迫对种子相对发芽势的影响表现为 Na_2SO_4＞$NaCl$＞Na_2CO_3＋$NaHCO_3$。当 Na_2SO_4 胁迫（浓度≥200 mmol/L）时，6个棉花品种的相对发芽势均为0；高 Na_2CO_3＋$NaHCO_3$（pH 10.47）胁迫下，6个棉花品种的相对发芽势也为0。从不同盐碱胁迫上看，在 $NaCl$ 和 Na_2CO_3＋$NaHCO_3$ 胁迫下，L24 相对发芽势最高，相对发芽势平均分别为51.91％和60.95％，而 X61 相对发芽势最低，相对发芽势平均分别为18.62％和25.52％。在 Na_2SO_4 胁迫下，Z92 相对发芽势最高，相对发芽势平均为27.62％，而 Z73 相对发芽势最低，相对发芽势平均为7.69％。从品种上看，L24 相对发芽势较高，平均三种盐碱胁迫处理，其相对发芽势为45.72％；X61 相对发芽势最低，平均为19.54％。

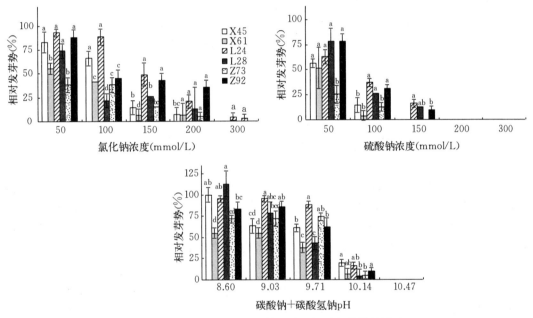

图1-3　不同盐碱胁迫对棉花种子相对发芽势的影响

第四节　种子相对发芽率

不同盐碱胁迫对棉花种子相对发芽率的影响见图1-4。总体上，各品种的相对发芽率均随盐碱胁迫的增加而显著降低，Na_2SO_4 胁迫对种子相对发芽率的危害性大于 $NaCl$ 胁迫。在高 Na_2SO_4（300 mmol/L）和 Na_2CO_3＋$NaHCO_3$（pH 10.47）胁迫下，6个棉花品种的相对发芽率均为0。从不同盐碱胁迫上看，在 $NaCl$ 和 Na_2SO_4 胁迫下，Z92 相对发芽率最高，分别为70.67％和44.89％，而 X61 相对发芽率最低，分别为37.08％和24.39％。但是在 Na_2CO_3＋$NaHCO_3$ 胁迫下，L24 相对发芽率最高，L28 相对发芽率最低，别为 64.09% 和 46.66%。从品种上看，L24 和 Z92 相对发芽率较高，平均三种盐碱胁迫处理，其相对发芽率分别为 57.12% 和 57.48%；X61 相对发芽率最低，平均为 37.24%。

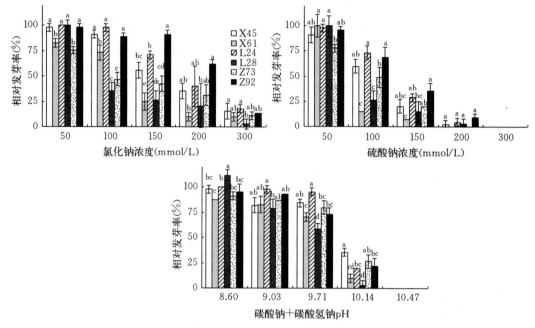

图 1-4 不同盐碱胁迫对棉花种子相对发芽率的影响

第五节 种子相对发芽指数

不同盐碱胁迫对棉花种子相对发芽指数的影响如图 1-5 所示。总体上，6 个品种的相对发芽指数均随盐碱胁迫程度的增加而显著降低。尤其在高 Na_2SO_4（300 mmol/L）和 $Na_2CO_3+NaHCO_3$（pH 10.47）胁迫下，6 个棉花品种的相对发芽指数均为 0。不同盐碱胁迫下各品种的相对发芽指数具体表现为：NaCl 胁迫下，在 50 mmol/L 和 100 mmol/L 浓度时，L24 相对发芽指最高，其次为 Z92，但二者无显著差异；在 150 mmol/L 和 200 mmol/L 浓度时位序相反，Z92 最高，其次为 L24；在 300 mmol/L 浓度时所有品种间相对发芽指数无显著差异。Na_2SO_4 胁迫下，浓度为 200 mmol/L 时 X61 和 Z73 相对发芽指数为 0，浓度为 300 mmol/L 时各品种相对发芽指数均为 0。$Na_2CO_3+NaHCO_3$ 胁迫下，各品种相对发芽指数较中性盐处理高，L28 品种最为明显。

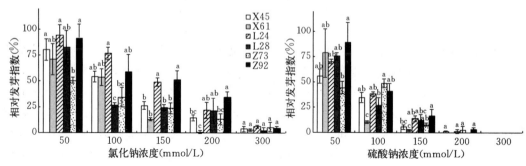

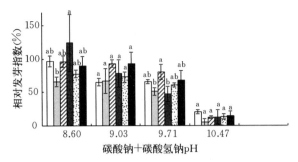

图 1-5　不同盐碱胁迫对棉花种子相对发芽指数的影响

第六节　种子相对盐害率

不同盐碱胁迫对棉花种子相对盐害率的影响见图 1-6。总体上，各品种的相对盐害率均随盐碱胁迫的增加而显著提高，不同盐碱胁迫对种子相对盐害率的影响表现为 $Na_2SO_4>$ $NaCl>Na_2CO_3+NaHCO_3$。尤其在高 Na_2SO_4（300 mmol/L）和 $Na_2CO_3+NaHCO_3$（pH 10.47）胁迫下，6 个棉花品种的相对盐害率均为 100%。从不同盐碱胁迫上看，在 NaCl 和 Na_2SO_4 胁迫下，X61 相对盐害率最高，相对盐害率平均分别为 62.93% 和 75.71%，而 Z92 相对盐害率最低，相对盐害率平均分别为 29.33% 和 55.11%。在 $Na_2CO_3+NaHCO_3$ 胁迫下，L28 相对盐害率最高，相对盐害率平均为 53.34%，而 X45 相对盐害率最低，相对盐害率平均为 38.67%；但是在 pH8.60 处理时 L28 相对盐害率为 -11.76%，其他 pH 均为正值，说明 pH8.60 的 $Na_2CO_3+NaHCO_3$ 胁迫处理促进了 L28 的萌发。从品种上看，L28 相对盐害率较高，平均三种盐碱胁迫处理，其相对盐害率为 62.91%；L24 和 Z92 相对盐害率最低，平均分别为 42.88% 和 42.52%。

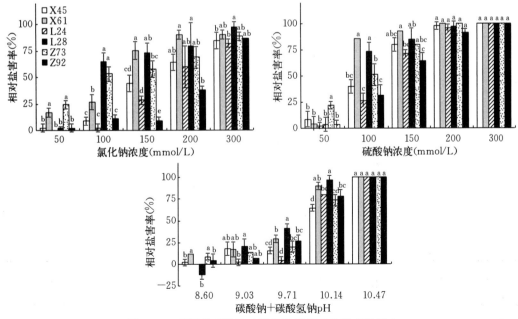

图 1-6　不同盐碱胁迫对棉花种子相对盐害率的影响

第七节　种子耐盐碱胁迫能力综合评价

棉花品种耐盐碱性受到多种因素的影响，本研究采用隶属函数法对棉花品种耐盐碱性进行综合评价（表 1－2），以减少单个指标评价"以偏概全"，造成误差。本研究计算 6 个棉花品种各发芽指标的隶属函数值，求其平均值并排序。在不同盐碱胁迫下各品种的耐盐碱性强弱分别为：在 NaCl 胁迫下其耐盐性强弱依次为 L24＞Z92＞X45＞L28＞X61＞Z73；在 NaSO₄ 胁迫下其耐盐性强弱依次为 Z92＞L24＞L28＞X45＞Z73＞X61；在 Na₂CO₃＋NaHCO₃ 胁迫下其耐碱性强弱依次为 L24＞X45＞Z92＞Z73＞L28＞X61。由此可见，6 个品种棉花的种子在不同盐碱胁迫下耐盐碱性是不一致的。本研究结果仅代表室内种子萌发阶段的耐盐碱性，棉花不同生长阶段的耐盐碱性还有待于进一步研究。

表 1－2　NaCl、Na₂SO₄ 和 Na₂CO₃＋NaHCO₃ 胁迫下不同棉花种子各测定指标的隶属函数值

盐碱类型	品种	相对发芽势	相对发芽率	相对发芽指数	发芽系数	日均发芽率	D	位次
NaCl	X45	0.45	0.66	0.44	0.60	0.73	0.535	3
	X61	0.07	0.09	0.12	0.00	0.20	0.093	5
	L24	1.00	0.84	1.00	1.00	0.88	0.941	1
	L28	0.22	0.00	0.25	0.53	0.00	0.158	4
	Z73	0.00	0.13	0.00	0.47	0.31	0.075	6
	Z92	0.72	1.00	0.95	0.83	1.00	0.896	2
	权重	0.296	0.331	0.287	0.037	0.049		
Na₂SO₄	X45	0.40	0.36	0.15	0.52	0.71	0.348	4
	X61	0.21	0.00	0.00	0.00	0.14	0.057	6
	L24	0.97	0.95	0.55	0.79	0.96	0.835	2
	L28	0.98	0.25	0.39	0.55	0.00	0.475	3
	Z73	0.00	0.28	0.19	0.13	0.50	0.191	5
	Z92	1.00	1.00	1.00	1.00	1.00	1.000	1
	权重	0.238	0.357	0.263	0.087	0.055		
Na₂CO₃＋NaHCO₃	X45	0.63	0.79	0.63	0.81	0.91	0.703	2
	X61	0.00	0.00	0.00	0.00	0.36	0.015	6
	L24	1.00	1.00	1.00	1.16	1.00	1.010	1
	L28	0.60	0.03	0.79	0.27	0.80	0.431	5
	Z73	0.48	0.53	0.38	0.67	0.80	0.494	4
	Z92	0.61	0.53	0.82	1.00	0.80	0.681	3
	权重	0.290	0.309	0.293	0.066	0.042		

棉花是"耐盐喜钠"的作物，具有较强的耐盐碱性（李春贺，2009）。但是耐盐性不同的品种，种子发芽情况受盐分浓度影响较大，种子萌发在盐胁迫下有低促高抑的表现（王俊娟等，2007）。本研究发现棉花种子发芽系数、日均发芽率、相对发芽指数均随着盐

分浓度增大总体上呈现下降的趋势，这与王桂峰等（2013）研究结果相似。在中性盐胁迫（NaCl 和 Na_2SO_4）下相对发芽势随着浓度的升高而明显降低，其中 L24 相对发芽势变化幅度较小，L28 变化幅度最大。Na_2SO_4 胁迫对相对发芽率危害程度大于 NaCl 胁迫，当 Na_2SO_4 浓度为 300 mmol/L 时各品种相对发芽率均为 0，表明 300 mmol/L 已超过 6 个棉花种子极限耐盐浓度。原因可能是高浓度的 Na^+ 抑制种子的质膜系统，形成毒害，导致棉花种子的发芽率随胁迫程度的升高而降低（谢德意等，2000）。

在 $Na_2CO_3 + NaHCO_3$ 胁迫下，各品种的相对发芽率和相对发芽势随着碱胁迫程度的增加均呈下降趋势，低浓度对 L28 有促进作用，可能是因为低浓度的 $Na_2CO_3 + NaHCO_3$ 胁迫对 L28 种子萌发及棉花愈伤组织的生长有一定的促进作用。根据刘秋辰等（2016）研究发现，当耐盐植物受到适宜浓度的盐胁迫会促进萌发，只有当盐浓度超过其临界浓度才会产生抑制作用，这说明在 $Na_2CO_3 + NaHCO_3$ 胁迫下 L28 的临界 pH 小于 9.03。在 $Na_2CO_3 + NaHCO_3$ 处理 pH 为 10.47 时，可能是由于碱性盐高 pH 产生离子毒害，进而抑制种子萌发（Javid et al.，2012）。

在盐碱胁迫下，6 个品种棉花的发芽系数、日均发芽率、相对发芽指数、相对发芽势和相对发芽率均随着盐碱浓度增大呈降低趋势。相同浓度中性盐，Na_2SO_4 胁迫比 NaCl 胁迫更严重，在 Na_2SO_4 浓度为 300 mmol/L 时各品种均未萌发。碱性盐处理 pH 为 8.60 时促进 L28 萌发，当 pH 为 9.03 时产生抑制作用，所有品种在 pH 为 10.47 时不再萌发。

隶属函数分析表明：NaCl 和 $Na_2CO_3 + NaHCO_3$ 胁迫下优势品种为 L24，Na_2SO_4 胁迫下优势品种为 Z92，排位第二的品种为 L24；NaCl 胁迫下 Z73 受抑制作用最大，Na_2SO_4 和 $Na_2CO_3 + NaHCO_3$ 胁迫下 X61 受抑制作用最大。

主要参考文献

包奇军，柳小宁，张华瑜，等，2015. 不同盐胁迫对啤酒大麦种子萌发和幼苗生长的影响 [J]. 大麦与谷类科学（4）：1-6.

黄立华，梁正伟，2007. 不同钠盐胁迫对高冰草种子萌发的影响 [J]. 干旱区资源与环境，21（6）：173-176.

李春贺，2009. 盐胁迫条件下不同耐盐棉花 miRNA 差异表达研究 [D]. 泰安：山东农业大学.

李寒暝，白灯莎·买买提艾力，张少民，等，2010. 新疆棉花品种的耐盐性综合评价 [J]. 核农学报，24（1）：160-165.

刘剑光，肖松华，吴巧娟，等，2010. 盐胁迫对棉种萌发及幼苗生长的影响 [J]. 江苏农业科学（5）：124-125.

刘秋辰，冯建荣，郝玉杰，等，2016. NaCl 胁迫对六个不同类型黑果枸杞种子萌发的影响 [J]. 新疆农业科学，53（11）：2040-2046.

渠晓霞，2006. 新疆三种盐生植物种子萌发和幼苗早期生长对环境的适应对策 [D]. 北京：中国科学院植物研究所.

孙西红，2014. 盐胁迫对高羊茅种子萌发、幼苗生理生化指标的影响及 miRNA 的鉴定 [D]. 洛阳：河南科技大学.

王桂峰，魏学文，贾爱琴，等，2013.5 个棉花品种的耐盐鉴定与筛选试验 [J]. 山东农业科学，45（10）：51-55.

王俊娟，叶武威，周大云，等，2007. 盐胁迫下不同耐盐类型棉花的萌发特性 [J]. 棉花学报，19（4）：315 - 317.

王秀玲，2008. 盐对夏至草种子萌发以及盐胁迫解除后种子萌发能力恢复的影响 [J]. 植物生理学通讯，44（3）：436 - 440.

谢德意，王惠萍，王付欣，等，2000. 盐胁迫对棉花种子萌发及幼苗生长的影响 [J]. 种子（3）：10 - 11，13.

辛承松，董合忠，唐薇，等，2005. 棉花盐害与耐盐性的生理和分子机理研究进展 [J]. 棉花学报，17（5）：309 - 313.

叶武威，庞念厂，王俊娟，等，2006. 盐胁迫下棉花体内 Na^+ 的积累、分配及耐盐机制研究 [J]. 棉花学报，18（5）：279 - 283.

张洁明，孙景宽，刘宝玉，等，2006. 盐胁迫对荆条、白蜡、沙枣种子萌发的影响 [J]. 植物研究，26（5）：595 - 599.

Javid M，Ford R，Nicolas M E，2012. Tolerance responses of *Brassica juncea* to salinity，alkalinity and alkaline salinity [J]. Funct Plant Biol，39：699 - 707.

Liu J，Shi D C，2010. Photosynthesis，chlorophyll fluorescence，inorganic ion and organic acid accumulations of sunflower in responses to salt and salt - alkaline mixed stress [J]. Photosynthetica，48（1），127 - 134.

Rocha E A，Paiva L V，Carvalho H H，et al.，2010. Molecular characterization and genetic diversity of potato cultivars using SSR and RAPD markers [J]. Crop Breeding and Applied Biotechnology（10）：204 - 210.

Sattar S，Hussnain T，Javaid A，2010. Effect of NaCl salinity on cotton grown on MS and in hydroponic culture [J]. Journal of Animal and Plant Sciences，20（2）：87 - 89.

第二章 ····
不同盐碱胁迫下棉花耐盐特性研究

碱性盐（$NaHCO_3$、Na_2CO_3）和中性盐（$NaCl$、Na_2SO_4）是两种截然不同的盐胁迫类型，作物自然也会产生不同的响应和耐盐机制。目前针对 $NaCl$ 胁迫下作物的耐盐机制开展了大量研究，而对于其他盐分类型的研究还不够系统深入。碱性土壤由于 pH 较高导致根系对离子的吸收受阻，土壤养分有效性改变，作物离子和矿质营养失衡。许多研究认为碱性盐胁迫的危害远大于中性盐胁迫，但是也有学者指出棉花对各种盐分的敏感程度依次为 $MgSO_4 > MgCl_2 > Na_2CO_3 > Na_2SO_4 > NaCl > NaHCO_3$（辛承松等，2005）。目前，关于不同类型盐胁迫的研究还很少，对于不同盐碱胁迫下作物耐盐机制的认识还严重不足。

盐碱胁迫对植物最明显的影响是抑制其生长，低盐碱胁迫会降低植物生长速率和叶片扩展速率，高盐碱胁迫下植物生长会明显停滞。盐胁迫会抑制植物各器官的生长和分化，导致植物的发育进程提前。盐碱胁迫下，植物根系的分布形态也会发生改变，根系生长的变化会直接影响植物对水分、养分的吸收，继而影响植物地上部生长。龚江等（2009）研究发现在盐分胁迫下棉花根长、根表面积、根平均直径和根体积均有所增加，表明盐胁迫会导致棉花根系形态发生改变。而盐碱胁迫中，对大麦根生长发育抑制的强弱顺序为 $Na_2CO_3 > NaHCO_3 > Na_2SO_4 > NaCl$，当 Na_2CO_3 浓度达到 100 mmol/L 时，胁迫会减少大麦的根数和根长（包奇军等，2015）。植物根、茎和叶的生物量的显著降低是对盐胁迫最明显的响应。相关研究发现：盐胁迫条件下马铃薯的根长、苗高、生物量均显著下降（王新伟，1998）。盐胁迫导致高羊茅生长量降低，生物量下降的幅度随盐胁迫的增加而增大，同时增加根冠比，盐分对高羊茅地上部分生长的抑制大于地下部。许兴等（2002）研究表明：随盐胁迫的增加，小麦根长、株高、叶片数均有所减小。

对于棉花而言，低盐胁迫能促进棉花地下部和地上部的生长，但高盐胁迫会抑制地下部和地上部的生长，盐胁迫浓度的增加也会导致棉花蕾铃脱落率增加，从而导致单株结铃数的绝对下降。适度的盐离子可作为营养成分，促进棉花生长，增加产量。对于盐敏感作物而言，在盐胁迫下，其光合作用受抑制而无法正常完成生命周期，通常表现为成熟前死亡。对不同盐碱胁迫而言，大量研究都表明植物的生物量（根、茎、叶）均随盐碱胁迫程度的增加而降低，但是在碳酸盐胁迫中降低的程度比中性盐胁迫更大（季平等，2013）。盐胁迫对作物生长发育的影响主要包括 3 个方面：①盐土中较低的土水势导致植物叶片水势降低，造成作物失水，这是盐胁迫影响植物生长发育的根本原因；②盐胁迫下，植物光合作用速率下降，同化产物和能量供给减小，进而限制植物的生长发育；③盐胁迫下，植物体内某些特定的代谢过程或酶活性受到影响。目前，关于盐碱胁迫对作物生长的机理影响人们已经开展了深入细致的研究，也取得了较好的成果，但对不同盐碱胁迫对棉花生长发育的影响机制仍不明晰，需要深入探讨棉花生长和生理对不同盐碱胁迫的响应，同时为盐渍环境下耐盐品种的选育等方面提供理论基础。

盐胁迫对作物造成渗透胁迫、离子毒害、氧化胁迫，使作物光合速率降低，生长和代谢受到抑制，与此同时，植物体内也会发生一系列的生理生化反应来应对胁迫，例如渗透调节、离子平衡、活性氧清除等。渗透调节主要依靠渗透调节剂，如脯氨酸、甜菜碱、可溶性糖等；为了应对氧化胁迫，作物有两套活性氧清除系统，即酶促清除系统和非酶促清除系统。本研究通过不同盐碱胁迫下棉花的生长和生理响应回答以下两个问题：①不同类型盐碱胁迫（NaCl、Na_2SO_4 和 $Na_2CO_3+NaHCO_3$）对棉花生长的影响的差异；②不同品种棉花对盐碱胁迫的响应。探讨不同盐碱胁迫下棉花渗透调节和酶保护机理，初步揭示不同盐碱胁迫下棉花的耐盐生理机制，在此基础上筛选出耐盐特性和生理机制存在明显差异的棉花品种（基因型），为后续研究奠定基础。

第一节　不同盐碱胁迫对棉花生长的影响

盆栽试验于 2016—2017 年在石河子大学农学院试验站温室进行，供试土壤取自石河子大学农学院试验站农田，取土深度为耕层 0～30 cm。土壤类型为灌耕灰漠土，质地为壤土。土壤自然风干后，碾碎过 2 mm 筛备用。

供试棉花品种和盐分类型同第一章试验。由预实验棉花在三种不同类型盐胁迫下的生长表现选择棉花适应度之内的盐度，NaCl 胁迫处理的土壤添加盐量（占干土重）设 5 个水平为 0、0.1%、0.2%、0.3%、0.4%（分别以 CK、CS1、CS2、CS3、CS4 表示）；Na_2SO_4 胁迫处理的 5 个水平为 0、0.1%、0.3%、0.5%、0.7%（分别以 CK、SS1、SS2、SS3、SS4 表示）；$Na_2CO_3+NaHCO_3$（碱性盐）胁迫处理的土壤溶液 pH 分别为 7.8、8.5、8.7、9.0、9.5，相应的土壤添加盐量分别为（$Na_2CO_3：NaHCO_3=1：1$）：0、0.10%、0.15%、0.20%、0.25%（分别以 CK、AS1、AS2、AS3、AS4 表示）。每个处理重复 3 次。

试验使用直径 15 cm、高 20 cm 的土盆，每盆装土 5 kg。在装土前，将盐分按设计用量与土壤均匀混合。每盆播种 15 粒，定期称重补水，使土壤含水量保持在田间持水量的 60%～80%。棉花出苗后，统计各处理出苗数，计算出苗率。

棉花生长期间，定期观测棉花的生长发育情况和农艺学性状（株高、叶片数等）。在棉花 4～6 叶期，测定棉花叶片叶绿素含量和光合速率。培养到苗期（80 d）试验结束，采集棉花植株样品，测定棉花生物量、质膜透性和有机渗透调节物含量（丙二醛、脯氨酸、甜菜碱、可溶性糖）以及抗氧化酶活性（超氧化物歧化酶、过氧化物酶、过氧化氢酶）等。

一、出苗率

出苗率是反映种子活力的依据之一，不同盐碱胁迫处理棉花出苗率结果如图 2-1 所示，盐碱胁迫类型、盐碱浓度和棉花品种及交互作用对棉花出苗率和相对出苗率影响显著（表 2-1）。在 CK 处理下各棉花品种的出苗率无显著差异。在 NaCl 胁迫下，CS1 处理各棉花品种的出苗率无显著差异，但随着盐分浓度增加，棉花出苗率总体呈下降趋势（图 2-1A），在 CS2、CS3 和 CS4 处理下，L24 出苗率最高，X45 出苗率最低，CS4 处理显著抑制棉花出苗，平均出苗率仅为 21.48%。在 Na_2SO_4 胁迫下，棉花出苗率随着盐分浓度增加总体也呈降低趋势（图 2-1B），CK、SS1、SS2、SS3 和 SS4 处理的平均出苗率分别为 87.41%、79.26%、76.30%、69.63% 和 50.74%。在 SS1、SS2 和 SS4 处理下，L24 出苗率最高，但和 L28 相比无明显差异，Z73 出苗率最低。在 Na_2CO_3＋$NaHCO_3$ 胁迫下，棉花出苗率总体上随碱胁迫程度的增加而降低（图 2-1C），低碱处理（AS1）对 X45、Z73 和 Z92 的出苗率有一定的促进作用，总体上 L24 出苗率最高，X61 出苗率最低。总体上来看，盐碱胁迫对棉花出苗率的影响表现为：NaCl＞Na_2SO_4＞Na_2CO_3＋$NaHCO_3$，平均出苗率分别为 77.93%、72.67% 和 59.33%。从棉花品种来看，L24 出苗率最高，平均 81.00%，X45 最低，平均为 64.00%。

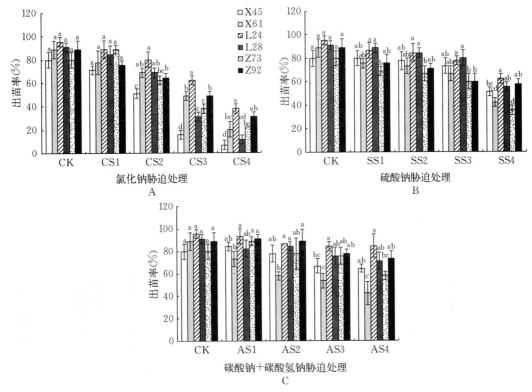

图 2-1　不同盐碱胁迫对棉花出苗率的影响

表 2-1　不同盐碱胁迫对棉花苗期生长及生理指标的三因素方差分析

变量	盐分类型（T）	盐分水平（L）	棉花品种（V）	T×L	T×V	L×V	T×L×V
出苗率	232.52***	426.45***	55.99***	51.46***	16.67***	3.33***	2.58***
相对出苗率	164.66***	211.91***	10.78***	27.52***	12.99***	2.40**	1.18ns
株高	444.99***	982.01***	65.85***	78.14***	3.14**	7.30***	1.75***
生物量	181.98***	1 029.31***	34.16***	16.50***	5.81***	22.07***	2.71***
相对生物量	129.99***	290.53***	60.291***	3.76***	5.17***	4.12***	1.78*
叶绿素 a 含量	1 519.94***	956.28***	166.50***	255.48**	33.55***	25.91***	10.91***

（续）

变量	盐分类型（T）	盐分水平（L）	棉花品种（V）	T×L	T×V	L×V	T×L×V
叶绿素 b 含量	560.59***	336.48***	70.79***	91.55***	17.49***	10.88***	5.41***
叶绿素总量	1 767.50***	1 098.90***	199.14***	292.07***	41.72***	28.10***	12.36***
SPAD 值	1 604.49***	1 870.85***	120.47***	164.78***	73.98***	29.24***	20.48***
相对电导率	4 636.60***	3 924.57***	270.93***	445.63***	92.37***	38.23***	25.92***
丙二醛含量	72.29***	2 224.33***	366.78***	161.01***	125.10***	41.81***	29.86***
超氧化物歧化酶活性	3 223.71***	9 715.65***	2 049.28***	821.94***	173.60***	342.82***	313.66***
过氧化物酶活性	179.25***	333.91***	193.54***	13.68***	61.08***	87.32***	19.89***
过氧化氢酶活性	105.66***	820.52***	218.25***	147.08***	19.40***	42.70***	11.61***
脯氨酸含量	4 055.36***	2 383.52***	665.22***	1 835.21***	123.28***	97.41***	98.55***
甜菜碱含量	3 500.12***	2 849.44***	424.88***	797.29***	486.07***	577.43***	434.83***
可溶性糖含量	1 982.38***	3 691.61***	215.66***	301.57***	50.98***	119.63***	48.30***

注：显著性水平表示为***，$P<0.001$；**，$P<0.01$；*，$P<0.05$；ns，$P\geqslant0.05$。

从棉花的相对出苗率来看（图 2-2），总体上 $Na_2CO_3+NaHCO_3$ 胁迫处理相对出苗率较高，其次是 Na_2SO_4 胁迫处理，NaCl 胁迫处理最低，平均相对出苗率分别为 86.97%、79.16% 和 59.86%。不同盐碱胁迫棉花相对出苗率差异较大。NaCl 胁迫下，CS1 和 CS2 处理各棉花品种相对出苗率无显著差异；CS3 和 CS4 处理下，L24 相对出苗率最高（分别为 65.24% 和 39.52%），X45 相对出苗率最低（分别为 19.52% 和 8.37%）。在 Na_2SO_4

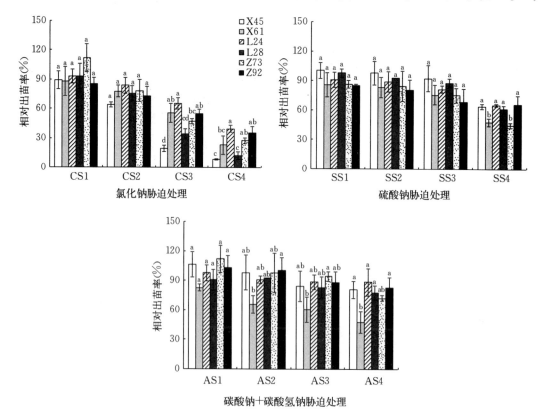

图 2-2 不同盐碱胁迫对棉花相对出苗率的影响

胁迫下，各棉花品种相对出苗率随土壤盐分的增加而降低，但是 SS1、SS2 和 SS3 处理下，各棉花品种出苗率无显著差异；在 SS4 处理下，X45、L24、L28 和 Z92 相对出苗率较高，X61 和 Z73 相对出苗率较低。在 $Na_2CO_3+NaHCO_3$ 胁迫下，AS1 处理各棉花品种相对出苗率无明显差异；在 AS2、AS3 和 AS4 处理下，X61 相对出苗率最低，其他无显著差异。

二、生物量

生物学产量是植物各种生长发育过程最终作用的结果，可以反映作物受盐碱胁迫的程度，历来是作物对胁迫响应差异的常用评价指标。不同盐碱胁迫对棉花叶片生物量的影响见图 2-3，盐碱胁迫类型、盐碱浓度和棉花品种及交互作用对棉花生物量和相对生物量影响显著（表 2-1）。总体上，棉花叶片生物量均随盐碱胁迫程度的增加而降低。在 NaCl 胁迫下，CS1、CS2、CS3 和 CS4 处理棉花叶片生物量分别较 CK 处理低 35.68%、49.02%、67.35% 和 80.11%；在 Na_2SO_4 胁迫下，SS1、SS2、SS3 和 SS4 处理棉花叶片生物量分别较 CK 处理低 13.79%、34.56%、44.32% 和 55.71%；在 $Na_2CO_3+NaHCO_3$ 胁迫下，AS1、AS2、AS3 和 AS4 处理棉花叶片生物量分别较 CK 处理低 28.18%、34.44%、49.64% 和 68.53%。从棉花品种来看，在 NaCl 胁迫下，L24 叶片生物量最高，L28 最低；在 Na_2SO_4 胁迫下，X45 叶片生物量最高，Z92 最低；在 $Na_2CO_3+NaHCO_3$ 胁迫下，L24 叶片生物量最高，Z92 最低。总体上来看，Na_2SO_4 胁迫处理棉花叶片生物量较高，其次是 $Na_2CO_3+NaHCO_3$ 胁迫处理，NaCl 胁迫处理最低，平均叶片生物量分别为 0.77 g/株、0.70 g/株和 0.58 g/株。

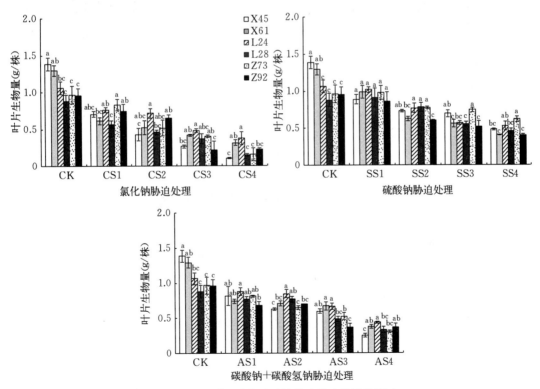

图 2-3 不同盐碱胁迫对棉花叶片生物量的影响

以盐碱胁迫和无盐碱对照处理条件下参数的比值来反映不同棉花品种间耐盐碱的差异更为准确，故棉花苗期生物量的差异评价指标首选相对生物量。不同盐碱胁迫对棉花叶片相对生物量的影响见图2-4。总体上，棉花叶片相对生物量均随盐碱胁迫程度的增加而降低。在NaCl胁迫处理下，CS1、CS2、CS3和CS4处理棉花叶片相对生物量分别为66.78％、52.32％、33.04％和20.49％；在Na_2SO_4胁迫处理下，SS1、SS2、SS3和SS4处理棉花叶片相对生物量分别为88.90％、68.03％、57.36％和45.99％；在Na_2CO_3＋$NaHCO_3$胁迫处理下，AS1、AS2、AS3和AS4处理棉花叶片相对生物量分别为74.16％、68.13％、51.04％和32.86％。从棉花品种来看，在NaCl胁迫处理下，L24叶片相对生物量最高，平均为55.03％；X45最低，平均为27.04％。在Na_2SO_4胁迫处理下，L28叶片相对生物量最高，平均为77.61％；X61最低，平均为49.93％。在Na_2CO_3＋$NaHCO_3$胁迫处理下，L28（67.38％）和L24（66.58％）叶片相对生物量较高，X45最低（41.37％）。总体上来看，Na_2SO_4胁迫处理棉花叶片相对生物量较高，其次是Na_2CO_3＋$NaHCO_3$胁迫处理，NaCl胁迫处理最低，平均叶片相对生物量分别为65.67％、56.55％和43.41％。

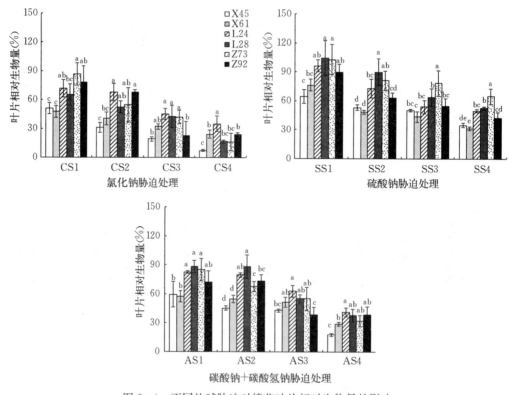

图2-4　不同盐碱胁迫对棉花叶片相对生物量的影响

第二节　不同盐碱胁迫对棉花叶绿素含量的影响

一、叶绿素a

不同盐碱胁迫对棉花叶片叶绿素a含量的影响见图2-5，盐碱胁迫类型、盐碱浓度和棉花品种及交互作用对棉花叶片叶绿素 a 含量影响显著（表 2-1）。棉花叶片叶绿素 a 含量均随 NaCl 胁迫程度的增加而降低，CS1、CS2、CS3 和 CS4 处理棉花叶片叶绿素 a 含量分别较 CK 处理低 7.57%、16.25%、35.19% 和 65.20%；低浓度 Na_2SO_4 胁迫（SS1 和 SS2 处理）增加叶片叶绿素 a 的含量，但是高浓度 Na_2SO_4 胁迫显著降低叶片叶绿素 a 的含量，如 SS4 处理棉花叶片叶绿素 a 的含量较 CK 处理低 10.15%；低浓度 Na_2CO_3＋$NaHCO_3$ 胁迫（AS1 处理）对叶绿素 a 的含量有一定的促进作用，但随 Na_2CO_3＋$NaHCO_3$ 胁迫程度的增加，叶绿素 a 含量显著降低，AS2、AS3 和 AS4 处理棉花叶片叶绿素 a 含量分别较 CK 处理低 2.51%、5.70% 和 18.59%。从棉花品种来看，在 NaCl、Na_2SO_4 和 Na_2CO_3＋$NaHCO_3$ 胁迫处理下，L24 叶片叶绿素 a 含量最高，平均分别为 20.05 mg/g、25.31 mg/g 和 24.43 mg/g；在 NaCl 胁迫处理下，而 L28 叶片叶绿素 a 含量最低，平均为 15.98 mg/g；在 Na_2SO_4 和 Na_2CO_3＋$NaHCO_3$ 胁迫处理下，Z92 叶片叶绿素 a 含量最低，平均分别为 21.45 mg/g 和 19.78 mg/g。

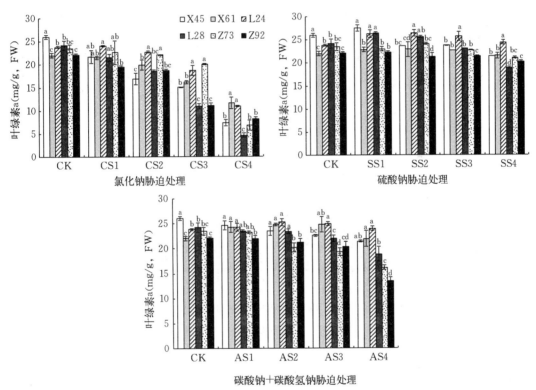

图 2-5　不同盐碱胁迫对棉花叶片叶绿素 a 含量的影响

注：FW 表示鲜重，下同。

二、叶绿素 b

不同盐碱胁迫对棉花叶片叶绿素 b 含量的影响见图 2-6，盐碱胁迫类型、盐碱浓度和棉花品种及交互作用对棉花叶片叶绿素 b 含量影响显著（$P<0.001$，表 2-1）。棉花叶片叶绿素 b 含量均随 NaCl 胁迫程度的增加而降低，CS1、CS2、CS3 和 CS4 处理棉花叶

片叶绿素 b 含量分别较 CK 处理低 7.32%、15.79%、41.51% 和 59.34%；低浓度 Na_2SO_4 胁迫（SS1 处理）增加叶片叶绿素 b 的含量，但是随 Na_2SO_4 胁迫程度的增加，叶片叶绿素 b 的含量呈下降趋势，SS2、SS3 和 SS4 处理棉花叶片叶绿素 b 的含量分别较 CK 处理低 1.45%、3.91% 和 12.21%；$Na_2CO_3+NaHCO_3$ 胁迫也对叶绿素 b 的含量有一定的抑制作用，AS1、AS2、AS3 和 AS4 处理棉花叶片叶绿素 b 含量分别较 CK 处理低 0.94%、0.60%、3.69%、16.66%。从棉花品种来看，在 NaCl、Na_2SO_4 和 $Na_2CO_3+NaHCO_3$ 胁迫处理下，L24 叶片叶绿素 b 含量最高，平均分别为 6.63 mg/g、8.62 mg/g 和 8.57 mg/g。在 NaCl 胁迫处理下，而 L28 叶片叶绿素 b 含量最低，平均为 5.36 mg/g；在 Na_2SO_4 和 $Na_2CO_3+NaHCO_3$ 胁迫处理下，Z92 叶片叶绿素 b 含量最低，平均分别为 7.30 mg/g 和 6.79 mg/g。

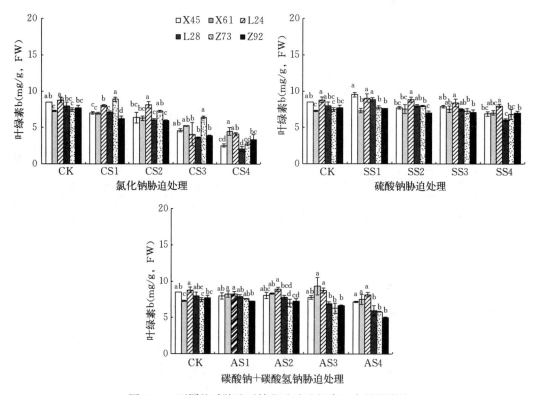

图 2-6　不同盐碱胁迫对棉花叶片叶绿素 b 含量的影响

第三节　不同盐碱胁迫对棉花叶片
相对电导率和丙二醛的影响

一、叶片相对电导率

不同盐碱胁迫对棉花叶片相对电导率（REC）的影响见图 2-7，盐碱胁迫类型、盐碱浓度和棉花品种及交互作用对棉花叶片相对电导率影响显著（$P<0.001$，表 2-1）。总体上，棉花叶片 REC 均随盐碱胁迫程度的增加而增加，增加的幅度表现为 NaCl＞Na_2SO_4＞$Na_2CO_3+NaHCO_3$。在对照（CK）处理下，各棉花品种叶片 REC 无明显差异。在 NaCl 胁迫处理下，CS1、CS2、CS3 和 CS4 处理棉花叶片 REC 分别较 CK 处理高

45.35％、81.19％、116.64％和143.63％；在Na₂SO₄胁迫处理下，SS1、SS2、SS3和SS4处理棉花叶片REC分别较CK处理高24.83％、60.56％、84.11％和90.25％；在Na₂CO₃＋NaHCO₃胁迫处理下，AS1、AS2、AS3和AS4处理棉花叶片REC分别较CK处理高1.46％、15.77％、27.09％和34.53％。从不同棉花品种来看，在NaCl胁迫处理下，L24的叶片REC最低，平均为0.41 dS/m；X45的叶片REC最高，平均为0.56 dS/m。在Na₂SO₄胁迫处理下，L24的叶片REC最低，平均为0.37 dS/m；X61的叶片REC最高，平均为0.47 dS/m。在Na₂CO₃＋NaHCO₃胁迫处理下，L24的叶片REC最低，平均为0.29 dS/m；L28的叶片REC最高，平均为0.34 dS/m。总体上来看，NaCl胁迫处理棉花叶片REC较高，其次是Na₂SO₄胁迫处理，Na₂CO₃＋NaHCO₃胁迫处理最低，平均叶片REC分别为0.49 dS/m、0.42 dS/m和0.32 dS/m。

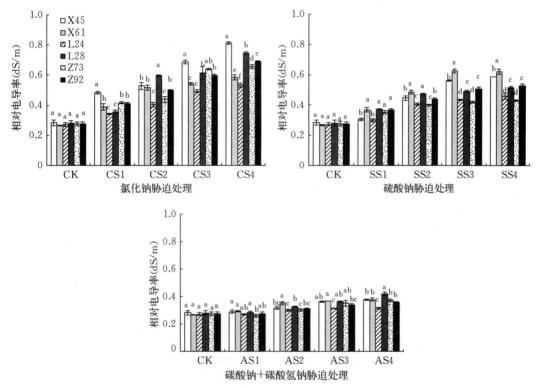

图2-7　不同盐碱胁迫对棉花叶片相对电导率的影响

二、叶片丙二醛含量

不同盐碱胁迫对棉花叶片丙二醛（MDA）含量的影响见图2-8，盐碱胁迫类型、盐碱浓度和棉花品种及交互作用对棉花叶片MDA含量影响显著（$P < 0.001$，表2-1）。总体上，棉花叶片MDA含量均随盐碱胁迫程度的增加而增加，碱胁迫的增加幅度大于中性盐胁迫。在NaCl胁迫处理下，CS1、CS2、CS3和CS4处理棉花叶片MDA含量分别较CK处理高52.87％、92.36％、159.24％和109.55％；在Na₂SO₄胁迫处理下，SS1、SS2、SS3和SS4处理棉花叶片MDA含量分别较CK处理高96.82％、74.52％、96.82％和178.79％；在Na₂CO₃＋NaHCO₃胁迫处理下，AS1、AS2、AS3和AS4处理棉花叶片

MDA 含量分别较 CK 处理高 91.08％、148.41％、210.32％和 228.66％。从不同棉花品种来看，在 NaCl 胁迫处理下，X61、L24、L28 和 X45 的叶片 MDA 含量随 NaCl 胁迫程度的增加呈现先增加后降低趋势，而 Z73 和 Z92 的叶片 MDA 含量则呈现持续增加趋势。其中，L24 的叶片 MDA 含量最低，平均为 19.05 nmol/g；X45 的叶片 MDA 含量最高，平均为 29.26 nmol/g。在 Na_2SO_4 胁迫处理下，L24、L28、Z73 和 Z92 的叶片 MDA 含量随 Na_2SO_4 胁迫程度的增加总体呈上升趋势，而 X45 和 X61 的叶片 MDA 含量随 Na_2SO_4 胁迫程度的增加表现为先增加后降低然后再增加的趋势。其中，L24 的叶片 MDA 含量最低，平均为 16.74 nmol/g；Z73 的叶片 MDA 含量最高，平均为 35.79 nmol/g。在碱胁迫处理下，X45 的叶片 MDA 含量随碱胁迫程度的增加呈现先增加后降低趋势，而 X61、L24、L28、Z73 和 Z92 的叶片 MDA 含量则呈现持续增加趋势。其中，L24 的叶片 MDA 含量最低，平均为 25.81 nmol/g；L28 的叶片 MDA 含量最高，平均为 40.13 nmol/g。

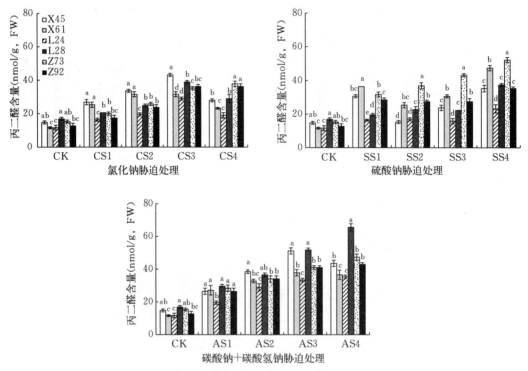

图 2-8　不同盐碱胁迫对棉花叶片丙二醛含量的影响

第四节　不同盐碱胁迫对棉花叶片抗氧化酶活性的影响

一、超氧化物歧化酶活性

不同盐碱胁迫对棉花叶片超氧化物歧化酶（SOD）活性的影响见图 2-9，盐碱胁迫类型、盐碱浓度和棉花品种及交互作用对棉花叶片 SOD 活性影响显著（$P<0.001$，表 2-1）。棉花叶片 SOD 活性随 NaCl 胁迫和 $Na_2CO_3+NaHCO_3$ 胁迫程度的增加而增加，但是随 Na_2SO_4 胁迫程度的增加呈现先增加后降低的趋势。总体上，不同盐碱胁迫下棉花叶片

SOD 活性增加的幅度表现为 NaCl＞Na_2SO_4＞Na_2CO_3＋$NaHCO_3$。在 NaCl 胁迫处理下，CS1、CS2、CS3 和 CS4 处理棉花叶片 SOD 活性分别较 CK 处理高 90.29％、165.26％、232.93％和 256.06％；在 Na_2SO_4 胁迫处理下，SS1、SS2、SS3 和 SS4 处理棉花叶片 SOD 活性分别较 CK 处理高 134.78％、208.37％、175.69％和 147.60％；在 Na_2CO_3＋$NaHCO_3$ 胁迫处理下，AS1、AS2、AS3 和 AS4 处理棉花叶片 SOD 活性分别较 CK 处理高 53.79％、96.70％、129.85％和 136.16％。从不同棉花品种来看，在 NaCl 胁迫处理下，L24 的叶片 SOD 活性最高，平均为 224.22 U/g；X45 的叶片 SOD 活性最低，平均为 136.15 U/g。在 Na_2SO_4 胁迫处理下，L24 的叶片 SOD 活性最高，平均为 238.80 U/g；X45 的叶片 SOD 活性最低，平均为 128.96 U/g。在 Na_2CO_3＋$NaHCO_3$ 胁迫处理下，L24 的叶片 SOD 活性最高，平均为 177.04 U/g；X61 的叶片 SOD 活性最低，平均为 109.04 U/g。

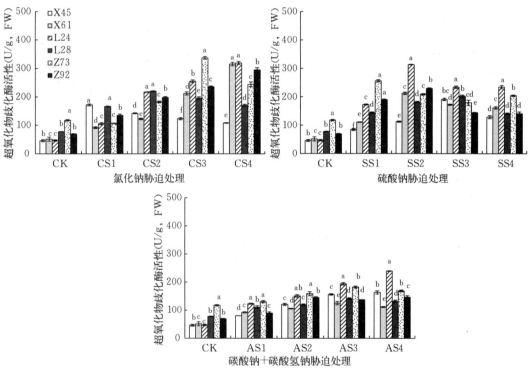

图 2-9　不同盐碱胁迫对棉花叶片超氧化物歧化酶活性的影响

二、过氧化物酶活性

不同盐碱胁迫对棉花叶片过氧化物酶（POD）活性的影响见图 2-10，盐碱胁迫类型、盐碱浓度和棉花品种及交互作用对棉花叶片 POD 活性影响显著（$P<0.001$，表 2-1）。棉花叶片 POD 活性随 NaCl 胁迫和 Na_2SO_4 胁迫程度的增加呈现先增后降的趋势，而随 Na_2CO_3＋$NaHCO_3$ 胁迫程度的增加呈现持续降低的趋势。总体上，不同盐碱胁迫下棉花叶片 POD 活性增加的幅度表现为 NaCl＞Na_2SO_4＞Na_2CO_3＋$NaHCO_3$。在 NaCl 胁迫处理下，CS1、CS2 和 CS3 处理棉花叶片 POD 活性分别较 CK 处理高 5.98％、4.78％和 0.44％，但是 CS4 处理棉花叶片 POD 活性较 CK 处理降低 6.74％。在 Na_2SO_4 胁迫处理

下，SS1 处理棉花叶片 POD 活性较 CK 处理高 0.87%，但是 SS2、SS3 和 SS4 处理棉花叶片 POD 活性分别较 CK 处理降低 1.05%、5.20% 和 14.01%。在 $Na_2CO_3 + NaHCO_3$ 胁迫处理下，AS1、AS2、AS3 和 AS4 处理棉花叶片 POD 活性分别较 CK 处理降低 0.70%、2.21%、7.99% 和 12.63%。从不同棉花品种来看，在 NaCl 胁迫处理下，L24 的叶片 POD 活性最高，平均为 504.83 U/g；Z92 的叶片 POD 活性最低，平均为 479.33 U/g。在 Na_2SO_4 胁迫处理下，X61 的叶片 POD 活性最高，平均为 520.17 U/g；L28 的叶片 POD 活性最低，平均为 425.25 U/g。在 $Na_2CO_3 + NaHCO_3$ 胁迫处理下，L24 的叶片 POD 活性最高，平均为 498.50 U/g；X61 的叶片 POD 活性最低，平均为 437.08 U/g。

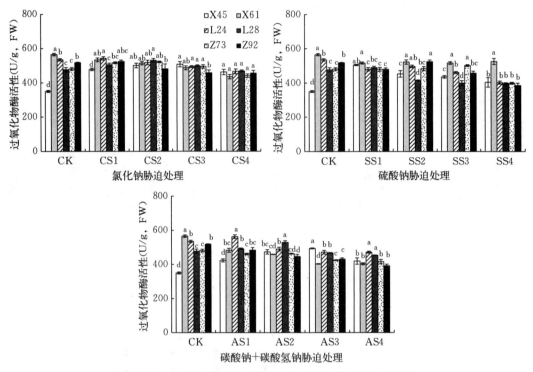

图 2-10　不同盐碱胁迫对棉花叶片过氧化物酶活性的影响

三、过氧化氢酶活性

不同盐碱胁迫对棉花叶片过氧化氢酶（CAT）活性的影响见图 2-11，盐碱胁迫类型、盐碱浓度和棉花品种及交互作用对棉花叶片 CAT 活性影响显著（$P < 0.001$，表 2-1）。棉花叶片 CAT 活性随 NaCl 胁迫程度的增加总体上呈先增加后降低的趋势，CS1 和 CS2 处理棉花叶片 CAT 活性分别较 CK 处理高 23.52% 和 11.79%，CS3 和 CS4 处理棉花叶片 CAT 活性分别较 CK 处理低 19.08% 和 42.51%。在 Na_2SO_4 胁迫处理下，SS1、SS2 和 SS3 处理棉花叶片 CAT 活性分别较 CK 处理高 3.42%、15.00% 和 6.63%，但是 SS4 处理显著降低棉花叶片 CAT 活性，棉花叶片 CAT 活性较 CK 处理低 12.50%。在 $Na_2CO_3 + NaHCO_3$ 胁迫处理下，AS1 和 AS2 处理棉花叶片 CAT 活性分别较 CK 处理高 5.20% 和 1.36%，AS3 和 AS4 处理棉花叶片 CAT 活性分别较 CK 处理低 2.30% 和 24.39%。总体上，不同盐碱胁迫对棉花叶片 CAT 活性的影响表现为 $Na_2SO_4 > Na_2CO_3 +$

NaHCO₃＞NaCl。从不同棉花品种来看，在 NaCl 胁迫处理下，L24 的叶片 CAT 活性最高，平均为 99.32 U/g；L28 的叶片 CAT 活性最低，平均为 71.48 U/g。在 Na₂SO₄ 胁迫处理下，L24 的叶片 CAT 活性最高，平均为 100.47 U/g；L28 的叶片 CAT 活性最低，平均为 79.67 U/g。在 Na₂CO₃＋NaHCO₃ 胁迫处理下，L24 的叶片 CAT 活性最高，平均为 96.21 U/g；L28 的叶片 CAT 活性最低，平均为 64.63 U/g。

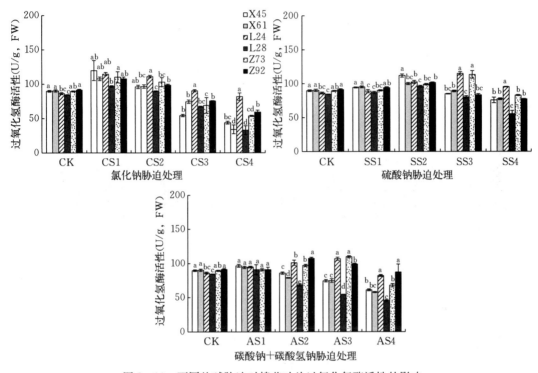

图 2-11　不同盐碱胁迫对棉花叶片过氧化氢酶活性的影响

第五节　不同盐碱胁迫对棉花叶片渗透调节物的影响

一、脯氨酸含量

不同盐碱胁迫对棉花叶片脯氨酸（Pro）含量的影响见图 2-12，盐碱胁迫类型、盐碱浓度和棉花品种及交互作用对棉花叶片 Pro 含量影响显著（$P < 0.001$，表 2-1）。棉花叶片 Pro 含量随 NaCl 胁迫程度的增加总体上呈先增加后降低的趋势，CS1、CS2 和 CS3 处理棉花叶片 Pro 含量分别较 CK 处理高 20.55％、40.14％和 38.99％，但 CS4 处理棉花叶片 Pro 含量较 CK 处理低 16.72％。在 Na₂SO₄ 胁迫处理下，棉花叶片的 Pro 含量总体呈上升趋势，SS1、SS2、SS3 和 SS4 处理棉花叶片 Pro 含量分别较 CK 处理高 18.20％、40.30％、106.36％和 143.17％。在 Na₂CO₃＋NaHCO₃ 胁迫处理下，总体上 AS1、AS2、AS3 和 AS4 处理棉花叶片的 Pro 含量显著高于 CK 处理，分别较 CK 处理高 15.09％、33.44％、30.25％和 30.89％。总体上，不同盐碱胁迫对棉花叶片 Pro 含量的影响表现为 Na₂SO₄＞Na₂CO₃＋NaHCO₃＞NaCl。从不同棉花品种来看，在 NaCl 胁迫处理下，L24

的叶片 Pro 含量最高，平均为 53.04 U/g，X45 的叶片 Pro 含量最低，平均为 32.71 U/g，并且 L24 和 X45 叶片 Pro 含量随 NaCl 胁迫的增加均呈现先增加后降低的趋势。在 Na_2SO_4 胁迫处理下，L24 的叶片 Pro 含量最高，平均为 62.53 U/g，X61 的叶片 Pro 含量最低，平均为 51.82 U/g，并且 L24 和 X61 叶片 Pro 含量随 Na_2SO_4 胁迫的增加均呈现增加的趋势。在 $Na_2CO_3 + NaHCO_3$ 胁迫处理下，L24 的叶片 Pro 含量最高，平均为 52.10U/g，X45 的叶片 Pro 含量最低，平均为 37.35 U/g，并且 X45 叶片 Pro 含量随 $Na_2CO_3 + NaHCO_3$ 胁迫的增加呈现先增加后降低的趋势，而 L24 叶片 Pro 含量随 $Na_2CO_3 + NaHCO_3$ 胁迫的增加呈现持续增加的趋势。

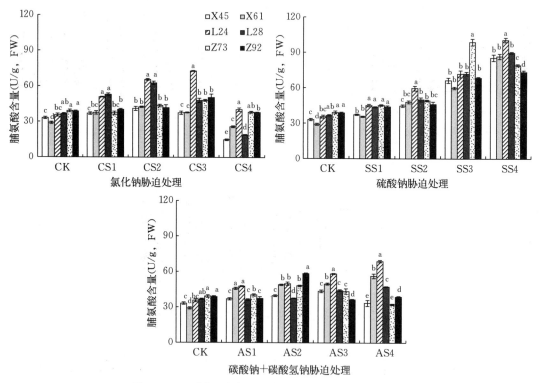

图 2-12 不同盐碱胁迫对棉花叶片脯氨酸含量的影响

二、甜菜碱含量

不同盐碱胁迫对棉花叶片甜菜碱（GB）含量的影响见图 2-13，盐碱胁迫类型、盐碱浓度和棉花品种及交互作用对棉花叶片 GB 含量影响显著（$P < 0.001$，表 2-1）。棉花叶片 GB 含量均随 NaCl 胁迫程度的增加呈先增加后降低的趋势。在 NaCl 胁迫处理下，CS1、CS2 和 CS3 处理棉花叶片 GB 含量分别较 CK 处理高 48.89%、69.23% 和 54.70%，但 CS4 处理棉花叶片 GB 含量较 CK 处理低 4.53%。在 Na_2SO_4 胁迫处理下棉花叶片的 GB 含量总体上呈先增加后降低的趋势，但是在高浓度的 Na_2SO_4 胁迫处理下会降低棉花叶片的 GB 含量，SS1、SS2、SS3 和 SS4 处理棉花叶片 GB 含量分别较 CK 处理高 46.15%、92.31%、93.16% 和 67.52%。在 $Na_2CO_3 + NaHCO_3$ 胁迫处理下，总体上各处理棉花叶片的 GB 含量显著高于 CK，AS1、AS2、AS3 和 AS4 处理棉花叶片 GB 含量分别

较 CK 处理高 61.54％、307.69％、213.68％和 96.58％，表明适度的碱胁迫可显著增加棉花叶片的 GB 含量。总体上，不同盐碱胁迫对棉花叶片 GB 含量的影响表现为 $Na_2CO_3+NaHCO_3>Na_2SO_4>NaCl$。从不同棉花品种来看，在 NaCl 胁迫处理下，L24 的叶片 GB 含量最高，平均为 33.43 mg/g，X45 的叶片 GB 含量最低，平均为 21.77 mg/g，并且 L24 和 X45 叶片 GB 含量随 NaCl 胁迫的增加均呈现先增加后降低的趋势。在 Na_2SO_4 胁迫下，L24 的叶片 GB 含量最高，平均为 32.61 mg/g，Z73 的叶片 GB 含量最低，平均为 27.34 mg/g，并且 L24 叶片 GB 含量随 Na_2SO_4 胁迫的增加也呈现先增加后降低的趋势；Z73 叶片 GB 含量在 SS1 处理下显著降低，之后随 Na_2SO_4 胁迫增加也呈现先增加后降低趋势。而在 $Na_2CO_3+NaHCO_3$ 胁迫下，L28 的叶片 GB 含量最高，平均为 61.86 mg/g，Z92 的叶片 GB 含量最低，平均为 29.09 mg/g，并且 L28 叶片 GB 含量随 $Na_2CO_3+NaHCO_3$ 胁迫的增加呈现先增加后降低的趋势，而低碱（AS1）胁迫降低 Z92 叶片 GB 含量，随碱胁迫的增加 AS2、AS3、AS4 处理 Z92 叶片 GB 含量又显著高于对照。

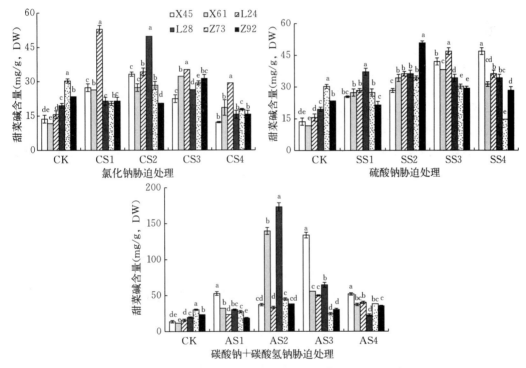

图 2-13　不同盐碱胁迫对棉花叶片甜菜碱含量的影响

注：DW 代表干重，下同。

三、可溶性糖含量

不同盐碱胁迫对棉花叶片可溶性糖含量的影响见图 2-14，盐碱胁迫类型、盐碱浓度和棉花品种及交互作用对棉花叶片可溶性糖含量影响显著（$P<0.001$，表 2-1）。低浓度 NaCl 胁迫处理和 $Na_2CO_3+NaHCO_3$ 胁迫处理增加棉花叶片可溶性糖含量，但是随着 NaCl 胁迫和 $Na_2CO_3+NaHCO_3$ 胁迫程度的增加，棉花叶片可溶性糖含量显著降低；而在 Na_2SO_4 胁迫处理下，无论盐浓度高低都会降低棉花叶片可溶性糖含量。在 NaCl 胁迫

处理下，CS1 处理棉花叶片可溶性糖含量较 CK 处理高 2.80%，而 CS2、CS3 和 CS4 处理棉花叶片可溶性糖含量分别较 CK 处理低 7.34%、15.85% 和 29.19%。在 $Na_2CO_3 +$ $NaHCO_3$ 胁迫处理下，AS1 处理棉花叶片可溶性糖含量较 CK 处理高 2.59%，而 AS2、AS3 和 AS4 处理棉花叶片可溶性糖含量分别较 CK 处理低 3.88%、11.68% 和 11.67%。在 Na_2SO_4 胁迫处理下，SS1、SS2、SS3 和 SS4 处理棉花叶片可溶性糖含量分别较 CK 处理低 8.23%、12.27%、29.90% 和 40.80%。从不同棉花品种来看，在 NaCl 胁迫处理下，Z92 的叶片可溶性糖含量最高，平均为 73.40 mg/g；X45 的叶片可溶性糖含量最低，平均为 66.29 mg/g。在 Na_2SO_4 胁迫处理下，X61 的叶片可溶性糖含量最高，平均为 66.81 mg/g；X45 的叶片可溶性糖含量最低，平均为 59.58 mg/g。在 $Na_2CO_3 + NaHCO_3$ 胁迫处理下，X61 的叶片可溶性糖含量最高，平均为 80.25 mg/g；Z73 的叶片可溶性糖含量最低，平均为 71.94 mg/g。总体上，X61 的叶片可溶性糖含量最高，平均为 72.99 mg/g；X45 的叶片可溶性糖含量最低，平均为 66.27 mg/g。

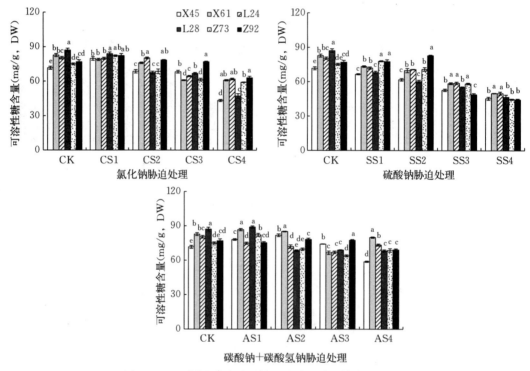

图 2-14 不同盐碱胁迫对棉花叶片可溶性糖含量的影响

第六节 棉花苗期耐盐碱胁迫能力综合评价

棉花耐盐碱性受到多种因素的影响，因此评价棉花的耐盐碱性应该从多指标的变化综合来分析，以减少单个指标评价"以偏概全"，造成误差。模糊隶属函数值法常被应用于植物耐盐碱性综合分析。本研究计算 6 个棉花品种各生理指标的隶属函数值，求其平均值并排序，结果（表 2-2、表 2-3、表 2-4）显示在不同盐碱胁迫下各品种的耐碱性强弱分别为：在氯化钠胁迫下其耐盐性强弱依次为鲁棉研 24＞中棉所 73＞中棉所 92＞新陆早 61＞鲁棉研 28＞新陆早 45；在硫酸钠胁迫下其耐盐性强弱依次为鲁棉研 24＞中棉所 73＞新陆早 61＞中棉所 92＞鲁棉研 28＞新陆早 45；在碱胁迫下其耐碱性强弱依次为鲁棉研 24＞鲁棉研 28＞中棉所 73＞新陆早 61＞新陆早 45＞中棉所 92。由此可见，鲁棉研 24 耐盐碱性较好，新陆早 45 耐盐碱性较差。

表 2-2　氯化钠胁迫下 6 个棉花品种耐盐性隶属函数值

指标	新陆早 45	新陆早 61	鲁棉研 24	鲁棉研 28	中棉所 73	中棉所 92
出苗率	0.000 0	0.571 4	1.000 0	0.444 4	0.476 2	0.603 2
相对出苗率	0.000 0	0.523 1	1.000 0	0.147 6	0.504 6	0.579 1
株高	0.000 0	0.429 5	1.000 0	0.334 2	0.373 2	0.396 0
生物量	0.475 7	0.757 7	1.000 0	0.000 0	0.455 3	0.370 3
相对生物量	0.000 0	0.013 7	1.000 0	0.436 9	0.094 3	0.643 5
叶绿素 a 含量	0.360 8	0.567 8	1.000 0	0.021 1	0.749 2	0.000 0
叶绿素 b 含量	0.359 4	0.544 9	1.000 0	0.000 0	0.949 6	0.063 2
叶绿素总量	0.350 7	0.555 9	1.000 0	0.001 4	0.793 1	0.000 0
SPAD 值	0.000 0	0.957 5	1.000 0	0.083 0	0.652 2	0.600 7
相对电导率	0.000 0	0.587 2	1.000 0	0.296 5	0.434 5	0.352 0
丙二醛含量	0.000 0	0.417 7	1.000 0	0.161 3	0.164 5	0.434 7
超氧化物歧化酶活性	0.000 0	0.510 1	0.889 5	0.601 6	1.000 0	0.862 1
过氧化物酶活性	0.000 0	0.920 4	1.000 0	0.706 3	0.607 0	0.535 2
过氧化氢酶活性	0.294 0	0.287 1	1.000 0	0.000 0	0.480 9	0.543 1
脯氨酸含量	0.000 0	0.091 0	1.000 0	0.547 2	0.419 3	0.447 0
甜菜碱含量	0.000 0	0.125 8	1.000 0	0.410 5	0.296 6	0.058 8
可溶性糖含量	0.000 0	0.602 6	0.762 6	0.452 0	0.320 4	1.000 0
平均值	0.059 2	0.547 6	0.945 0	0.459 4	0.713 5	0.618 1
排序	6	4	1	5	2	3

表 2-3　硫酸钠胁迫下 6 个棉花品种耐盐性隶属函数值

指标	新陆早 45	新陆早 61	鲁棉研 24	鲁棉研 28	中棉所 73	中棉所 92
出苗率	0.534 9	0.372 1	1.000 0	0.930 2	0.000 0	0.441 9
相对出苗率	1.000 0	0.026 5	0.569 0	0.777 4	0.000 0	0.146 1
株高	0.000 0	0.388 6	1.000 0	0.453 1	0.608 3	0.310 3
生物量	1.000 0	0.633 3	0.721 6	0.298 0	0.876 5	0.000 0
相对生物量	0.021 8	0.000 0	0.574 6	0.872 4	1.000 0	0.393 4
叶绿素 a 含量	0.784 7	0.245 7	1.000 0	0.567 4	0.370 1	0.000 0
叶绿素 b 含量	0.441 4	0.032 9	1.000 0	0.274 3	0.279 9	0.000 0
叶绿素总量	0.737 1	0.191 2	1.000 0	0.492 4	0.306 7	0.000 0
SPAD 值	0.728 6	0.461 4	1.000 0	0.144 1	0.739 0	0.000 0
相对电导率	0.323 1	0.000 0	1.000 0	0.407 0	0.982 8	0.442 7

（续）

指标	新陆早45	新陆早61	鲁棉研24	鲁棉研28	中棉所73	中棉所92
丙二醛含量	0.270 3	0.677 3	1.000 0	0.000 0	0.371 2	0.500 4
超氧化物歧化酶活性	0.000 0	0.333 4	1.000 0	0.416 8	0.920 2	0.481 7
过氧化物酶活性	0.000 0	1.000 0	0.455 2	0.060 2	0.396 9	0.434 4
过氧化氢酶活性	0.633 4	0.576 4	1.000 0	0.000 0	0.843 9	0.525 5
脯氨酸含量	0.146 3	0.000 0	1.000 0	0.616 9	0.977 8	0.217 7
甜菜碱含量	0.740 7	0.222 2	1.000 0	0.925 9	0.000 0	0.629 6
可溶性糖含量	0.000 0	1.000 0	0.928 3	0.526 2	0.793 7	0.905 6
平均值	0.132 1	0.537 4	0.840 5	0.344 6	0.690 30	0.451 3
排序	6	3	1	5	2	4

表 2-4 碱胁迫下 6 个棉花品种耐碱性隶属函数值

指标	新陆早45	新陆早61	鲁棉研24	鲁棉研28	中棉所73	中棉所92
出苗率	0.448 3	0.000 0	1.000 0	0.689 7	0.500 0	0.810 3
相对出苗率	0.947 5	0.000 0	0.918 4	0.737 7	1.000 0	0.991 6
株高	0.000 0	0.530 5	0.984 8	0.573 6	1.000 0	0.467 0
生物量	0.737 1	0.875 7	1.000 0	0.204 2	0.223 4	0.000 0
相对生物量	0.000 0	0.263 3	0.969 0	1.000 0	0.715 1	0.552 8
叶绿素a含量	0.825 6	0.808 7	1.000 0	0.557 4	0.147 2	0.000 0
叶绿素b含量	0.628 5	0.763 2	1.000 0	0.297 6	0.036 5	0.000 0
叶绿素总量	0.771 0	0.796 1	1.000 0	0.485 2	0.116 5	0.000 0
SPAD值	1.000 0	0.917 5	0.807 0	0.368 9	0.470 9	0.000 0
相对电导率	0.149 4	0.049 2	1.000 0	0.000 0	0.571 5	0.546 8
丙二醛含量	0.476 8	0.276 9	1.000 0	0.410 1	0.000 0	0.334 3
超氧化物歧化酶活性	0.294 5	0.000 0	0.986 6	0.346 5	1.000 0	0.373 2
过氧化物酶活性	0.000 0	0.417 3	1.000 0	0.699 2	0.233 1	0.299 9
过氧化氢酶活性	0.488 8	0.400 4	0.963 3	0.000 0	0.841 1	1.000 0
脯氨酸含量	0.000 0	0.588 5	1.000 0	0.205 6	0.226 2	0.311 1
甜菜碱含量	0.875 0	0.797 6	0.101 2	1.000 0	0.119 0	0.000 0
可溶性糖含量	0.120 2	1.000 0	0.196 3	0.535 8	0.000 0	0.427 7
平均值	0.362 1	0.454 7	0.767 4	0.560 8	0.461 3	0.308 2
排序	5	4	1	2	3	6

　　土壤盐度过高会抑制种子萌发，使生长受抑制和产量下降（Dong et al.，2015）。种子萌发阶段是作物对盐胁迫最先受到影响同时也是最敏感的时期，对作物生长和产量至关重要（Sattar et al.，2010）。本研究发现两个中性盐胁迫（NaCl 和 Na_2SO_4）下，棉花出苗率和株高的变化趋势一致，且胁迫程度均大于碱性盐胁迫（Na_2CO_3＋$NaHCO_3$）。但对

棉花叶片生物量的影响顺序为 $NaCl > Na_2CO_3 + NaHCO_3 > Na_2SO_4$，可能的原因是两个中性盐胁迫的伴随阴离子不同导致，Na_2SO_4 胁迫的伴随离子是 SO_4^{2-}，可为叶绿素的合成提供硫元素，从而促进棉花叶片的生长。从品种上看，L24 无论在盐胁迫还是碱胁迫下出苗率都较高，平均出苗率为 81.04%，说明 L24 对盐碱胁迫有一定的耐受性。但是出苗率较低的品种在各盐碱胁迫下表现不一致，如 NaCl 胁迫处理下出苗率最低的棉花品种为 X45，而 Na_2SO_4 和 $Na_2CO_3 + NaHCO_3$ 胁迫处理下出苗率最低的棉花品种分别为 Z73 和 X61，说明不同基因型的棉花对盐碱的适应性也存在差异。用相对生物量来反映不同品种棉花间的耐盐碱差异较绝对生物量更为准确。从品种上看，在 NaCl 胁迫处理和 $Na_2CO_3 + NaHCO_3$ 胁迫处理下，L24 的相对生物量均较高，X45 的相对生物量最低，而在 Na_2SO_4 胁迫处理下，L28 的相对生物量最高，X61 的相对生物量最低，说明不同盐碱胁迫对棉花相对生物量的影响并不一致，其内在机理有待于进一步研究。

植物光合同化能力在盐碱环境中会受到抑制，其降低程度与胁迫程度呈正相关关系。而叶绿素含量是反映植物光合能力的重要指标。本研究发现，Na_2SO_4 处理棉花叶片总叶绿素含量较高，其次是 $Na_2CO_3 + NaHCO_3$ 处理，NaCl 处理最低，这与上述叶片生物量的响应一致。叶绿素含量随 NaCl 和 $Na_2CO_3 + NaHCO_3$ 胁迫程度的增加而降低；低浓度 Na_2SO_4 胁迫还会增加叶绿素的含量。Bavei 等（2011）研究也发现随盐浓度增加叶片叶绿素含量降低，但 Sun 等（2009）研究表明在 NaCl 低浓度处理中叶绿素含量显著增加，而在高浓度胁迫处理叶绿素含量显著下降。叶绿素含量降低的原因可能是盐碱地土壤含有较多的 Na^+ 和 Cl^- 导致棉花叶片吸收了大量的 Na^+ 和 Cl^- 抑制了对 K^+、Ca^{2+} 和 Mg^{2+} 的吸收，这种离子不平衡导致叶绿素降解加快、叶绿素含量降低。本研究中低浓度 Na_2SO_4 胁迫增加棉花叶绿素含量，但是高浓度 Na_2SO_4 胁迫降低叶绿素含量。原因可能是盐胁迫下植物叶片含水量过低、生长缓慢，即产生相对的"浓缩"效应，也可能是低浓度 Na_2SO_4 胁迫下，除了提供 Na^+ 外，还给棉花提供了硫元素，而叶绿素的合成中硫元素起了关键作用。Brugnoly 等（1991）研究也发现盐胁迫甚至提高了棉花的叶绿素含量。在碱（$Na_2CO_3 + NaHCO_3$）胁迫下，X45、L28、Z73 和 Z92 叶绿素含量随碱胁迫程度的增加呈降低趋势，而 X61 和 L24 叶绿素含量随碱胁迫程度的增加呈先增加后降低的趋势，说明不同棉花品种的光合生理机制可能不同。

细胞 REC 反映植物质膜在逆境条件下透性变化和受损程度，REC 提高，表明质膜受损程度加剧。MDA 是反映质膜脂质过氧化作用强度的主要标志（韩建秋，2010），MDA 含量可反映逆境胁迫对植物造成氧化损害的程度。本研究发现棉花叶片 REC 和 MDA 均随盐碱胁迫程度的增加而增加，REC 增加的幅度表现为 $NaCl > Na_2SO_4 > Na_2CO_3 + NaHCO_3$，MDA 增加的幅度表现为 $Na_2CO_3 + NaHCO_3 > Na_2SO_4$、NaCl，表明两个中性盐对叶片质膜透性的改变大于碱性盐胁迫。$Na_2CO_3 + NaHCO_3$ 胁迫下棉花叶片受到的氧化胁迫最严重，说明 $Na_2CO_3 + NaHCO_3$ 胁迫下叶片的活性氧清除能力低于 Na_2SO_4 和 NaCl 胁迫。SOD 是生物体内清除自由基的首要物质，本研究中棉花叶片 SOD 活性随 NaCl 和 $Na_2CO_3 + NaHCO_3$ 胁迫程度的增加而增加，但是随 Na_2SO_4 胁迫程度的增加呈先增加后降。高浓度 Na_2SO_4 胁迫下棉花叶片 SOD 的活性降低，导致叶片的活性氧清除能力减弱。盐胁迫下，原生质膜首先受到伤害，Na^+ 置换质膜中的 Ca^{2+}，使得质膜通透性增加，选择透过性降低，进而导致质膜渗漏现象的发生（Mansour et al.，2013）。在盐胁迫下植物会积累较多的 MDA（Gossett et al.，1994），这一指标已被广泛应用于耐盐和盐敏感品种的鉴别（Meloni et al.，2003）。从品种上看，各盐碱胁迫下 L24 的 MDA 含量最低，这可能是因为 L24 具有较强的抗氧化酶系统，能减少细胞内超氧自由基，缓解膜脂过氧化，从而降低了 MDA 含量。但在 NaCl、Na_2SO_4 和 $Na_2CO_3 + NaHCO_3$ 胁迫下，MDA 最高的品种分别为 X45、Z73 和 L28。这表明不同品种对盐碱胁迫生理响应机制不同。盐碱胁迫可以致使质膜氧化损伤，从而积累 MDA 代谢产物。在盐碱胁迫下，耐盐碱能力弱的植株体内更易积累相对较高的 MDA。

土壤盐碱化引起脱水和渗透胁迫，导致气孔关闭，二氧化碳供应减少，活性氧（ROS）升高，诱导氧化胁迫（Lu et al.，2009）。为了应对氧化胁迫，植物产生两套活性氧清除系统，即酶促保护系统和非酶促保护系统。其中，酶促保护系统包括 SOD、CAT、POD、APX 等。在盐碱胁迫下，氧化损伤的减轻往往与有效的抗氧化系统有关。Garratt 等（2002）和 Meloni 等（2003）研究发现棉花的抗氧化能力与耐盐性呈正相关关系，在盐胁迫下棉通过上调抗氧化酶活性缓解盐诱导的氧化胁迫，使棉花表现出耐盐性。本研究发现：SOD 活性随 NaCl 和 $Na_2CO_3 + NaHCO_3$ 胁迫程度的增加而增加，但是随 Na_2SO_4 胁迫程度的增加呈先增加后降低的趋势。而 POD 活性随 NaCl 和 Na_2SO_4 胁迫程度的增加呈先增加后降低的趋势，而随 $Na_2CO_3 + NaHCO_3$ 胁迫程度的增加呈持续降低的趋势。CAT 活性随盐碱胁迫程度的增加总体上呈先增加后降低的趋势。Lee 等（2013）研究也发现过高的盐胁迫会导致 POD 和 CAT 活性的降低。也有研究表明短期或轻度逆境胁迫下，植物响应盐胁迫并上调 SOD、POD 和 CAT 等保护酶类活性，可以增强清除活性氧自由基的能力，但膜脂过氧化产物的含量亦呈增大趋势。从品种上来看，总体上 L24 叶片 SOD 活性在各盐碱胁迫下均较高，POD 活性在 NaCl 和 $Na_2CO_3 + NaHCO_3$ 胁迫下较高，而 X45 的 SOD 和 POD 活性均较低。以上结果表明在盐碱胁迫条件下，L24 比 X45 具有较高的抗氧化酶活性，能帮助其清除体内产生的活性氧自由基，L24 可能更耐盐。Meloni 等（2003）也发现，耐盐棉花品种具有较强的抗氧化系统。可见，盐碱胁迫条件下，植物体内内源保护酶的活性也发生相应的变化，但保护酶活性的变化往往因不同植物、不同胁迫强度而异。

植物在盐胁迫等逆境条件下也积累各种类型的有机渗透调节物质（如 Pro、GB 和可溶性糖）以提高耐盐性。在本研究中，盐碱胁迫显著增加各品种棉花叶片 Pro 含量，但是高盐和高碱胁迫下导致个别品种棉花叶片 Pro 含量降低。总体上，L24 在各盐碱胁迫下 Pro 含量最高，X45 最低。一些研究也表明，Pro 含量随着盐度的增加而增加（Azarmi et al.，2016）。此外，盐胁迫还影响棉花的糖代谢过程，有报道显示，棉花在受到盐害的时候，其体内降解淀粉的淀粉酶活性会显著增强，导致产生过量的可溶性糖，并最终提高了棉株体内的渗透压，降低了水势，避免了棉株脱水（Ashraf，2002）。在本研究中，盐胁迫程度的增加降低棉花叶片可溶性糖含量。盐胁迫下植物体内 GB 的积累是一种有利于植物在胁迫下生长的重要生理现象。本研究中，棉花叶片 GB 含量均随盐碱胁迫程度的增加呈先增加后降低的趋势，表明适度的盐碱胁迫可显著增加棉花叶片的 GB 含量。总体上，不同盐碱胁迫对棉花叶片 GB 含量的影响表现为 $Na_2CO_3 + NaHCO_3 > Na_2SO_4 > NaCl$。不同品种棉花受盐碱胁迫后 GB 变化趋势各异，如在 NaCl 处理下 L24 的叶片 GB 含量最高，X45 的叶片 GB 含量最低，但是在 $Na_2CO_3 + Na_2HCO_3$ 胁迫下 X45 的叶片 GB 含量高于

L24，说明 X45 主要依靠 GB 来抵抗碱胁迫。综上，棉花耐盐性受多种基因共同调控，不同盐碱胁迫对棉花的生理影响并不相同，且不同品种棉花的耐盐机理也存在差异，有待于进一步研究。

Na₂SO₄ 和 NaCl 主要以渗透胁迫为主，Na₂CO₃＋NaHCO₃ 以氧化胁迫为主，通过隶属函数分析不同盐碱胁迫下 6 个品种棉花生长和生理指标的变化得出：鲁棉研 24（L24）对盐碱胁迫的耐性较好，为耐盐品种；新陆早 45（X45）受盐碱抑制作用最强，为盐敏感品种。

主要参考文献

包奇军，柳小宁，张华瑜，等，2015. 不同盐胁迫对啤酒大麦种子萌发和幼苗生长的影响 [J]. 大麦与谷类科学（4）：1-6.

龚江，鲍建喜，吕宁，等，2009. 滴灌条件下不同盐水平对棉花根系分布的影响 [J]. 棉花学报，21（2）：138-143.

韩建秋，2010. 水分胁迫对白三叶叶片脂质过氧化作用及保护酶活性的影响 [J]. 安徽农业科学，38（23）：12325-12327.

季平，张鹏，徐克章，等，2013. 不同类型盐碱胁迫对大豆植株生长性状和产量的影响 [J]. 大豆科学，32（4）：477-481.

王新伟，1998. 不同盐浓度对马铃薯试管苗的胁迫效应 [J]. 马铃薯杂志，12（4）：203-207.

辛承松，董合忠，唐薇，等，2005. 棉花盐害与耐盐性的生理和分子机理研究进展 [J]. 棉花学报（5）：309-313.

许兴，李树华，惠红霞，等，2002. NaCl 胁迫对小麦幼苗生长、叶绿素含量及 Na⁺、K⁺ 吸收的影响 [J]. 西北植物学报，22（2）：278-284.

Ashraf M，2002. Salt tolerance of cotton：some new advances [J]. Critical Reviews in Plant Sciences，21（1）：1-30.

Azarmi F，Mozafari V，Dahaji P A，et al.，2016. Biochemical，physiological and antioxidant enzymatic activity responses of pistachio seedlings treated with plant growth promoting rhizobacteria and Zn to salinity stress [J]. Acta physiologiae plantarum，38（1）：21.

Bavei V，Shiran B，Khodambashi M，et al.，2011. Protein electrophoretic profiles and physiochemical indicators of salinity tolerance in sorghum (*Sorghum bicolor* L.) [J]. African Journal of Biotechnology，10（14）：2683-2697.

Brugnoli E，Lauteri M，1991. Effects of salinity on stomatal conductance，photosynthetic capacity，and carbon isotope discrimination of salt-tolerant (*Gossypium hirsutum* L.) and salt-sensitive (*Phaseolus vulgaris* L.) C3 non-halophytes [J]. Plant physiology，95（2）：628-635.

Dong C，Shao L，Fu Y，et al.，2015. Evaluation of wheat growth，morphological characteristics，biomass yield and quality in Lunar Palace-1，plant factory，green house and field systems [J]. Acta astronautica，111：102-109.

Garratt L C，Janagoudar B S，Lowe K C，et al.，2002. Salinity tolerance and antioxidant status in cotton cultures [J]. Free Radical Biology and Medicine，33（4）：502-511.

Gossett D R，Millhollon E P，Lucas M，1994. Antioxidant response to NaCl stress in salt-tolerant and salt-sensitive cultivars of cotton [J]. Crop Science，34（3）：706-714.

Lee M H，Cho E J，Wi S G，et al.，2013. Divergences in morphological changes and antioxidant responses in salt‐tolerant and salt‐sensitive rice seedlings after salt stress [J]. Plant physiology and biochemistry，70：325‐335.

Lu S，Zhang S，Xu X，et al.，2009. Effect of increased alkalinity on Na⁺ and K⁺ contents，lipid peroxidation and antioxidative enzymes in two populations of Populus cathayana [J]. Biologia plantarum，53（3）：597.

Mansour M M F，Salama K H A，2004. Cellular basis of salinity tolerance in plants [J]. Environmental and Experimental Botany，52：113‐122.

Meloni D A，Oliva M A，Martinez C A，et al.，2003. Photosynthesis and activity of superoxide dismutase，peroxidase and glutathione reductase in cotton under salt stress [J]. Environmental and Experimental Botany，49（1）：69‐76.

Sattar S，Hussnain T，Javaid A，2010. Effect of NaCl salinity on cotton grown on MS and in hydroponic culture [J]. Journal of Animal and Plant Sciences，20（2）：87‐89.

Sun J，Chen S L，Dai S X，et al.，2009. NaCl‐induced alternations of cellular and tissue ion fluxes in roots of salt‐resistant and salt‐sensitive poplar species [J]. Plant Physiology，149（2）：1141‐1153.

Yang C W，Zhang M L，Liu J，et al.，2009. Effects of buffer capacity on growth，photosynthesis，and solute accumulation of a glycophyte（wheat）and a halophyte（*Chloris virgata*）[J]. Photosynthetica，47（1）：55‐60.

第三章 ····
不同盐碱胁迫下棉花离子组响应特征

作物耐盐性是一个非常复杂的问题，涉及多种防御机制包括离子稳态、渗透平衡和活性氧消除。盐胁迫下，作物通过调控离子转运、维持离子稳态来应对营养失衡；产生渗透调节物如脯氨酸等来抵御离子和渗透胁迫；保护细胞氧化还原平衡以防御盐诱导的活性氧胁迫。虽然不同作物的耐盐方式和机理有所不同，但维持稳定的细胞内矿质离子含量（离子稳态）是作物适应盐胁迫的关键机制。有学者指出植物抗盐生理实质上就是矿质营养生理，应该从矿质营养角度去研究植物对不同离子的吸收、分配和调控机理（Cheeseman，1988）。盐胁迫打破了作物与土壤之间的水势关系和离子分布之间的平衡状态，导致养分缺失和细胞代谢紊乱，严重阻碍了植株的正常发育。盐胁迫不但抑制作物对大中量元素（N、P、K、Ca、Mg、S）的摄取，而且也限制微量元素（Fe、Cu、Zn、Mn、B等）的吸收（Wu et al.，2013）。碱性盐胁迫不仅会产生中性盐胁迫下的渗透和离子胁迫，还会有高 pH 产生的负面影响。碱性土壤的高 pH 会抑制根系对离子的吸收，改变土壤养分有效性，导致作物离子和矿质营养失衡。这些矿质元素不仅为作物生长提供营养，也参与各种生理代谢过程，以多种方式直接或间接地影响作物耐盐性。尽管每种元素对作物生长都有其独特的生理功能，但其最主要的功能是保持细胞内的电中性，即离子稳态。维持细胞内离子稳态是作物适应盐胁迫的重要机理，作物一切耐盐生理活动都是以维持离子稳态为最终目的。因此，理解盐胁迫下作物的离子稳态机制是全面揭示作物耐盐机制的重要方面。

离子组学是近年来在植物应对盐碱胁迫中新的研究领域。离子组是由植物体的矿质营养和痕量元素组成，用于表征细胞和生物系统的无机组分。离子组学采用高通量分析手段（ICP‐AES、ICP‐MS、XRF 等）定量研究生物体的离子组特征，为认识和理解元素—元素、元素—基因、元素—环境间的关系，以及元素的生理生化功能提供了重要的研究途径。对 NaCl 胁迫下小麦离子组的研究发现，耐盐小麦品种组织内 Na^+ 含量低，而且根系 Zn、Cu 含量及地上部 Ca、Mg、S 含量增加，是其重要的耐盐机制。盐胁迫下，Na^+ 通过 K^+ 通道和 K^+ 转运蛋白进入植物细胞内，从而打破植物体内原有的离子稳态（Zhang et al.，2013）。在盐碱胁迫下，植物吸收矿质营养的过程中，盐离子会与其他矿质元素竞争而导致离子吸收失衡，从而打破了植物体内的离子稳态，阻碍植株的正常生长和生育。Na^+ 是对植物造成伤害最大的盐离子之一，Na^+ 过量积累可能导致植物体各种生理过程发生剧烈变化，干扰离子平衡，从而抑制植物生长，降低产量。有研究发现，植物叶片中 Na^+ 和 Cl^- 含量呈显著的正相关关系，均随盐胁迫程度的增加而增加，而 K^+、Ca^{2+} 和 Mg^{2+} 含量呈相反趋势；Na^+ 含量与 K^+ 含量呈显著的负相关关系，地上部与根部相比较而言会积累更多的 Na^+，而且地上部对盐胁迫的反应更为敏感（Sanchez et al.，2011）。当土壤中的 Na^+ 含量高于 K^+ 含量时，Na^+ 和 K^+ 在吸收过程中会发生竞争作用，Na^+ 会抑制植物对 K^+ 的吸收。所以对于植物的耐盐性而言，相对于 Na^+ 的绝对含量，维持较高的

K^+/Na^+ 比可能更为重要。Zhu（2003）认为过量的盐离子会对植物细胞造成离子毒害，继而植物的光合作用和合成代谢受到影响。Tattini 等（1995）研究发现盐胁迫抑制植物对 Ca^{2+} 和 K^+ 的吸收，进而导致植物分生组织和叶片中的营养平衡遭到破坏。Storey 等（1999）研究认为盐胁迫增加了根系下表皮的木栓化作用，从而抑制了根系对水分和养分离子的吸收。盐胁迫不仅抑制作物对大量和中量元素的摄取，还限制作物对微量元素的吸收，导致养分缺失和代谢紊乱。因此，维持植物细胞内离子稳态是植物耐盐的重要机理。其中 K^+ 和 Ca^{2+} 对于维持植物体内离子平衡、降低离子毒害具有重要意义。碱胁迫是在盐胁迫的基础上又增加一个高 pH 胁迫，主要影响具体表现：①高 pH 导致土壤中的金属离子和磷酸盐沉淀，使根部的矿质营养供应失衡，降低矿质养分的利用率。相关研究发现，高 pH 条件会导致土壤 Ca^{2+}、Mg^{2+} 和 $H_2PO_4^-$ 沉淀（Wang et al.，2002），从而抑制根对养分离子的摄取，破坏植物细胞中的离子稳态，进而损害植物生长。②高 pH 条件下，Na^+ 含量上升，NO_3^-、$H_2PO_4^-$ 和 K^+ 含量下降。③碱胁迫导致光合色素减少，破坏光合系统，增强了质膜透性。如盐渍土中高浓度 Na^+ 显著抑制根系对 K^+ 的吸收和运输，导致细胞内 K^+/Na^+ 比下降，抑制液泡膜上 H^+-PPase 活性和 H^+ 跨液泡膜的运输，阻碍 Na^+ 在液泡内积累。植物为了适应盐胁迫，必须要改变细胞的离子组以达到一个新的平衡。因此，明晰盐碱胁迫下作物离子组的响应特征是揭示棉花离子稳态机制的基础，也可为离子调控提高棉花耐盐碱性提供理论依据。

本章在前两章内容的基础上，研究不同盐碱胁迫下，13 种元素（Na、P、K、Ca、Mg、S、Fe、Mn、Zn、Cu、B、Mo、Si）在棉花植株体（根、茎、叶）内的含量分布，比较不同盐碱胁迫下棉花的离子组差异；探讨棉花植株元素—元素、元素—盐碱胁迫、元素—耐盐生理之间的关系；阐明不同盐碱胁迫下棉花离子组响应特征，挖掘具有耐盐潜势的元素，为深入理解棉花耐盐碱机制及盐渍土壤上种植棉花的离子调控和合理施肥提供理论依据。

第一节 棉花生长

土柱培养试验于 2016—2017 年在石河子大学农学院试验站温室进行。供试土壤采自试验站农田，土壤类型为灌耕灰漠土，质地为壤土，土壤电导率 0.17 dS/m，pH 8.16，有机质 12.58 g/kg，全氮 0.59 g/kg，有效磷 6.41 mg/kg，速效钾 149 mg/kg。

土柱培养试验土壤盐（碱）度设置 3 个水平：非盐渍土壤、轻度盐（碱）、中度盐（碱）。通过向供试土壤中分别添加 NaCl、Na_2SO_4、Na_2CO_3＋$NaHCO_3$ 三种盐，设置不同盐碱类型和盐碱度。每个处理重复 6 次。供试棉花品种 2 个：耐盐型和盐敏感型。具体试验处理及土壤盐碱类型和盐碱化程度见表 3-1。

表 3-1 不同处理土壤盐碱类型及盐碱化程度

处理	盐碱类型及盐碱化程度	含盐量（g/kg）	电导率 $EC_{1:5}$（dS/m）	pH（1:2.5）
CK	对照-非盐（碱）化	0.53	0.17	8.16
CSL	NaCl-轻度盐化	2.43	0.76	8.36

（续）

处理	盐碱类型及 盐碱化程度	含盐量 (g/kg)	电导率 $EC_{1:5}$ (dS/m)	pH (1:2.5)
CSH	NaCl -中度盐化	4.43	1.39	8.43
SSL	Na_2SO_4 -轻度盐化	3.43	1.07	8.34
SSH	Na_2SO_4 -中度盐化	6.43	2.01	8.19
ASL	$Na_2CO_3+NaHCO_3$ -轻度碱化	1.13（Na_2CO_3：$NaHCO_3$=1：1）	0.36	8.97
ASH	$Na_2CO_3+NaHCO_3$ -中度碱化	2.03（Na_2CO_3：$NaHCO_3$=1：1）	0.63	9.92

试验使用直径20 cm、高60 cm 的土柱，每个土柱装土20 kg。供试土壤与棉花品种耐盐性筛选试验相同。在装土前，将盐分按设计用量与土壤均匀混合，按照土壤容重1.25 g/cm^3 分层装土，每10 cm 一层。灌溉方式采用滴灌，每个土柱播种20 粒，播后滴水出苗，待棉花长至二叶一心时定苗，每个土柱保留4 株长势均匀一致的棉苗。试验期间定期称重补水，使土壤含水量保持在田间持水量的60%～80%。

质膜透性测定：电导法。

有机渗透调节物测定：丙二醛（MDA）含量，硫代巴比妥酸法；脯氨酸（Pro）含量，茚三酮法；甜菜碱，离子色谱法；可溶性糖，蒽酮法。

抗氧化酶活性测定：超氧化物歧化酶（SOD），氮蓝四唑还原法；过氧化物酶（POD），愈创木酚法；过氧化氢酶（CAT），紫外吸收法。

植物离子组测定：ICP - MS。

一、不同盐碱胁迫对棉花地上部生物量的影响

不同盐碱胁迫对棉花地上部相对生物量和生长抑制率的影响如图3-1 所示。总体上，L24 和X45 叶、茎、地上部的相对生物量均随盐碱胁迫程度的增加而显著降低（图3-1A、B、C），且盐碱胁迫下L24 地上部各组织的相对生物量均显著高于X45。在NaCl 胁迫下，L24 的叶、茎和地上部相对生物量平均分别较X45 高10.56%、10.86%和14.40%。在Na_2SO_4 胁迫下，L24 的叶、茎和地上部相对生物量平均分别较X45 高5.44%、5.70%和15.24%。在$Na_2CO_3+NaHCO_3$ 胁迫下，L24 的叶、茎和地上部相对生物量平均分别较X45 高38.61%、28.65%和41.02%。

盐碱胁迫显著抑制棉花生长，L24 和X45 的叶、茎、地上部的生长抑制率随盐碱胁迫的增加而显著提高。总体上，盐碱胁迫对X45 的生长抑制率显著高于L24（图3-1 D、E、F）。CSL 处理对棉花叶、茎和地上部的生长抑制率分别为35.70%、52.54%和57.37%；CSH 处理对棉花叶、茎和地上部的生长抑制率分别为50.42%、67.49%和68.82%；SSL 处理对棉花叶、茎和地上部的生长抑制率分别为41.28%、46.94%和57.00%；SSH 处理对棉花叶、茎和地上部的生长抑制率分别为48.30%、52.43%和61.79%；ASL 处理对棉花叶、茎和地上部的生长抑制率分别为28.20%、13.03%和38.22%；ASH 处理对棉花叶、茎和地上部的生长抑制率分别为64.90%、62.76%和71.99%。总体上，盐胁迫（NaCl 和Na_2SO_4）对棉花地上部的生长抑制高于碱胁迫（$Na_2CO_3+NaHCO_3$）。

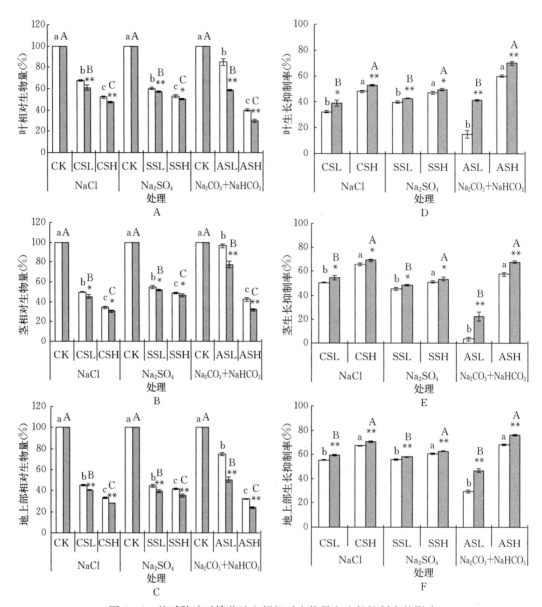

图 3-1　盐碱胁迫对棉花地上部相对生物量和生长抑制率的影响

注：图 A、B、C 分别表示盐碱（NaCl、Na_2SO_4、Na_2CO_3＋$NaHCO_3$）胁迫对棉花叶、茎及地上部相对生物量的影响。图 D、E、F 分别表示盐碱（NaCl、Na_2SO_4、Na_2CO_3＋$NaHCO_3$）胁迫对棉花叶、茎及地上部生长抑制率的影响。图中白色柱子代表 L24，灰色柱子代表 X45。误差线为标准差。不同小写字母和大写字母表示处理间差异显著（$P<0.05$）。星号表示 L24 和 X45 之间存在显著差异（显著性水平**，$P<0.01$；*，$P<0.05$）。

二、不同盐碱胁迫对棉花根系生物量及根系形态的影响

不同盐碱胁迫对棉花根系相对生物量和生长抑制率的影响如图 3-2 所示。总体上，L24 和 X45 根系的相对生物量均随盐碱胁迫程度的增加呈降低趋势（图 3-2A），L24 根系的相对生物量均显著高于 X45。在 NaCl 胁迫下，L24 根系的相对生物量平均较 X45 高

7.98％。在 Na₂SO₄ 胁迫下，L24 根系的相对生物量平均较 X45 高 12.97％。在 Na₂CO₃＋NaHCO₃ 胁迫下，L24 根系的相对生物量平均较 X45 高 35.10％。

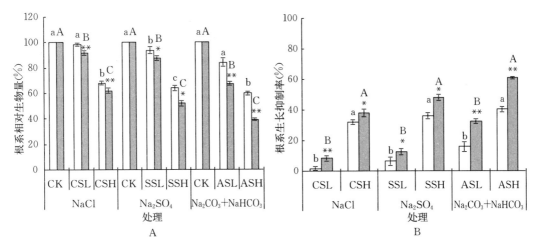

图 3-2　盐碱胁迫对棉花根系相对生物量和生长抑制率的影响

注：图 A 和 B 分别表示盐碱（NaCl、Na₂SO₄、Na₂CO₃＋NaHCO₃）胁迫对棉花根系相对生物量和生长抑制率的影响。图中白色柱子代表 L24，灰色柱子代表 X45。误差线为标准差。不同小写字母和大写字母表示处理间差异显著（$P<0.05$）。星号表示 L24 和 X45 之间存在显著差异（显著性水平**，$P<0.01$；*，$P<0.05$）。

　　L24 和 X45 的根系生长抑制率随盐碱胁迫的增加而显著提高。总体上，盐碱胁迫对 X45 的生长抑制率显著高于 L24（图 3-2B）。CSL 处理对棉花根系的生长抑制率为 4.99％；CSH 处理对棉花根系的生长抑制率为 35.05％；SSL 处理对棉花根系的生长抑制率为 9.33％；SSH 处理对棉花根系的生长抑制率为 42.01％；ASL 处理对棉花根系的生长抑制率为 24.24％；ASH 处理对棉花根系的生长抑制率为 50.52％。结合图 3-2 试验结果说明盐（NaCl 和 Na₂SO₄）胁迫在低浓度下主要抑制地上部（茎和叶）的生长，对根系的抑制相对较小，但在高浓度的盐胁迫下对地上部和地下部的影响均显著；而碱胁迫（Na₂CO₃＋NaHCO₃）无论低浓度还是高浓度胁迫，都同时对棉花根系和地上部生长产生影响，碱胁迫对棉花根系的影响大于盐胁迫。

　　不同盐碱胁迫对棉花根系形态的影响如图 3-3 所示。盐碱胁迫显著影响棉花根长密度（图 3-3A）。在 NaCl 胁迫下，CSL 处理 L24 根长密度较 CK 处理显著增加，增幅为 17.59％，但 CSL 处理显著降低 X45 根长密度。对 X45 而言，根长密度随 NaCl 胁迫程度的增加而显著降低。在 Na₂SO₄ 胁迫下，SSL 和 SSH 处理 L24 和 X45 根长密度均显著低于 CK 处理。在 Na₂CO₃＋NaHCO₃ 胁迫下，L24 根长密度随碱胁迫程度的增加呈先升高后降低的趋势，X45 根长密度仅在 ASH 处理下较 CK 处理显著降低。在 CSL 和 ASL 处理下，L24 根长密度显著高于 X45；但在 CSH 和 SSH 处理下，L24 根长密度显著低于 X45。

　　盐碱胁迫对棉花根表面积的影响见图 3-3B。在 NaCl 胁迫下，L24 根表面积随盐胁迫程度的增加呈先增加后降低的趋势，CSL 处理 L24 根表面积较 CK 处理增加 35.32％，CSH 处理 L24 根表面积较 CK 处理降低 25.62％，而 NaCl 胁迫对 X45 根表面积无显著影响；在 Na₂SO₄ 胁迫下，SSL 和 SSH 处理 L24 和 X45 根表面积均显著低于 CK 处理；在

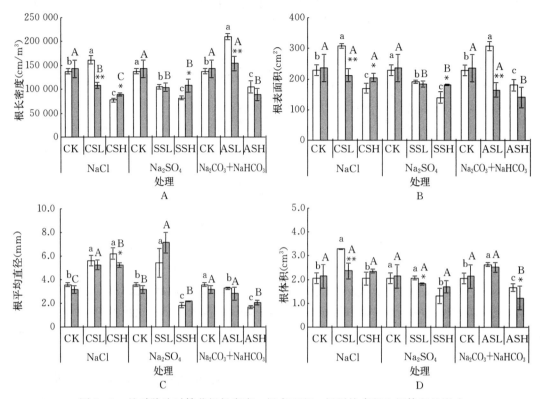

图 3-3　盐碱胁迫对棉花根长密度、根表面积、根平均直径和根体积的影响

注：图 A、B、C、D 分别表示盐碱（NaCl、Na_2SO_4、Na_2CO_3＋$NaHCO_3$）胁迫对棉花根长密度、根表面积、根平均直径和根体积的影响。图中白色柱子代表 L24，灰色柱子代表 X45。误差线为标准差。不同小写字母和大写字母表示处理间差异显著（$P<0.05$）。星号表示 L24 和 X45 之间存在显著差异（显著性水平**，$P<0.01$；*，$P<0.05$）。

Na_2CO_3＋$NaHCO_3$ 胁迫下，L24 根表面积随碱胁迫程度的增加呈先增加后降低的趋势，X45 根表面积仅在 ASH 处理下较 CK 处理显著降低。在 CSL 和 ASL 处理下，L24 根表面积显著高于 X45；但在 CSH 和 SSH 处理下，L24 根表面积显著低于 X45。

盐碱胁迫对棉花根平均直径的影响见图 3-3C。在 NaCl 胁迫下，CSL 和 CSH 处理 L24 和 X45 根平均直径均显著高于 CK 处理，CSH 处理 L24 根平均直径显著高于 X45；在 Na_2SO_4 胁迫下，SSL 处理对根平均直径有显著促进作用，但是 SSH 处理会抑制根平均直径；在 Na_2CO_3＋$NaHCO_3$ 胁迫下，L24 根平均直径随碱胁迫程度的增加而显著降低，X45 根平均直径仅在 ASH 处理下较 CK 处理显著降低。在 CSH 处理下，L24 根平均直径显著高于 X45；但在其他胁迫处理下，L24 和 X45 根平均直径无明显差异。

盐碱胁迫对棉花根体积的影响见图 3-3D。在 NaCl 胁迫下，L24 根体积随盐胁迫程度的增加呈先增加后降低的趋势，CSL 处理 L24 根体积较 CK 处理增加 61.04%，而 NaCl 胁迫对 X45 根体积无显著影响；在 Na_2SO_4 胁迫下，L24 根体积仅在 SSH 处理下显著低于 CK 处理，Na_2SO_4 胁迫对 X45 根体积无显著影响；在 Na_2CO_3＋$NaHCO_3$ 胁迫下，L24 根体积随碱胁迫程度的增加呈先增加后降低的趋势，ASL 处理 X45 根体积与 CK 处理相比无显著差异，但 X45 根体积在 ASH 处理下较 CK 处理显著降低，较 CK 处理降低

42.57％。在 CSL、SSL 和 ASH 处理下，L24 根体积显著高于 X45；但在其他胁迫处理下，L24 和 X45 根体积无明显差异。

第二节　棉花生理响应特征

棉花叶片相对电导率均随盐碱胁迫程度的增加呈上升趋势（图 3-4A）。在 NaCl 胁迫下，L24 和 X45 叶片相对电导率平均较 CK 处理高 73.93％和 128.81％。在 Na_2SO_4 胁迫下，L24 和 X45 叶片相对电导率平均较 CK 处理高 92.36％和 131.44％。在 Na_2CO_3＋

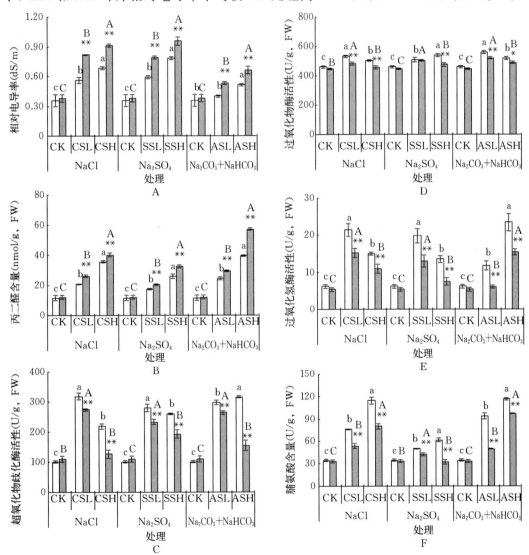

图 3-4　盐碱胁迫对棉花叶片相对电导率、丙二醛含量、抗氧化酶活性和脯氨酸含量的影响

注：图 A、B、C、D、E、F 分别表示盐碱（NaCl、Na_2SO_4、Na_2CO_3＋$NaHCO_3$）胁迫对棉花叶片相对电导率、丙二醛含量、超氧化物歧化酶活性、过氧化物酶活性、过氧化氢酶活性、脯氨酸含量影响。图中白色柱子代表 L24，灰色柱子代表 X45。误差线为标准差。不同小写字母和大写字母表示处理间差异显著（$P<0.05$）。星号表示 L24 和 X45 之间存在显著差异（显著性水平**，$P<0.01$；*，$P<0.05$）。

$NaHCO_3$ 胁迫下，L24 和 X45 叶片相对电导率平均较 CK 处理高 28.01% 和 58.21%。总体上，盐（NaCl 和 Na_2SO_4）胁迫对叶片相对电导率的影响大于碱胁迫（Na_2CO_3 + $NaHCO_3$），且在盐碱胁迫下 L24 叶片相对电导率显著低于 X45。棉花叶片 MDA 含量均随盐碱胁迫程度的增加呈上升趋势（图 3-4B）。在 NaCl 胁迫下，L24 和 X45 叶片 MDA 含量平均较 CK 处理高 140.89% 和 171.27%。在 Na_2SO_4 胁迫下，L24 和 X45 叶片 MDA 含量平均较 CK 处理高 84.75% 和 117.01%。在 Na_2CO_3 + $NaHCO_3$ 胁迫下，L24 和 X45 叶片 MDA 含量平均较 CK 处理高 173.09% 和 253.56%。总体上，在盐碱胁迫下 L24 叶片 MDA 含量显著低于 X45，说明耐盐型棉花品种在盐碱胁迫下叶片受到的活性氧伤害小于盐敏感品种，且碱胁迫下棉花叶片 MDA 含量大于盐胁迫。

盐碱胁迫显著增加棉花叶片 SOD 活性，在盐碱胁迫下 L24 叶片 SOD 活性显著高于 X45（图 3-4C）。在盐（NaCl 和 Na_2SO_4）胁迫下，两个品种棉花叶片的 SOD 活性均呈先增加后降低的趋势。在 NaCl 胁迫下，CSL 和 CSH 处理 L24 叶片 SOD 活性分别较 CK 处理高 217.77% 和 118.89%，X45 叶片 SOD 活性分别较 CK 处理高 148.87% 和 15.04%。在 Na_2SO_4 胁迫下，SSL 和 SSH 处理 L24 叶片 SOD 活性分别较 CK 处理高 179.34% 和 159.92%，X45 叶片 SOD 活性分别较 CK 处理高 112.03% 和 75.56%。在 Na_2CO_3 + $NaHCO_3$ 胁迫下，L24 叶片 SOD 活性呈持续上升趋势，但 X45 叶片 SOD 活性呈先增加后降低的趋势。ASL 和 ASH 处理 L24 叶片 SOD 活性分别较 CK 处理高 197.66% 和 215.29%，X45 叶片 SOD 活性分别较 CK 处理高 139.81% 和 41.35%。盐碱胁迫显著影响棉花叶片 POD 活性（图 3-4D），总体上 L24 叶片 POD 活性高于 X45。L24 叶片 POD 活性在 NaCl 和 Na_2CO_3 + $NaHCO_3$ 胁迫下呈先增加后降低的趋势，但是在 Na_2SO_4 胁迫下呈持续上升趋势，具体表现：CSL、CSH 处理 L24 叶片 POD 活性分别较 CK 处理高 15.79% 和 8.98%，SSL、SSH 处理 L24 叶片 POD 活性分别较 CK 处理高 10.43% 和 16.80%，ASL、ASH 处理 L24 叶片 POD 活性分别较 CK 处理高 21.29% 和 12.38%。X45 叶片 POD 活性在盐碱胁迫下均呈先增加后降低的趋势。盐碱胁迫显著增加棉花叶片 CAT 活性，且在盐碱胁迫下 L24 叶片 CAT 活性显著高于 X45（图 3-4E）。在 NaCl 和 Na_2SO_4 胁迫下，L24 和 X45 叶片 CAT 均呈先增加后降低的趋势。CSL、CSH 处理 L24 叶片 CAT 活性分别较 CK 处理高 243.48%、139.78%。CSL、CSH 处理 X45 叶片 CAT 活性分别较 CK 处理高 180.00%、102.70%。SSL、SSH 处理 L24 叶片 CAT 活性分别较 CK 处理高 217.39%、116.70%。SSL、SSH 处理 X45 叶片 CAT 活性分别较 CK 处理高 140.00%、38.52%。但是在 Na_2CO_3 + $NaHCO_3$ 胁迫下，L24 和 X45 叶片 CAT 活性均随碱胁迫程度的增加而显著增加。ASL、ASH 处理 L24 叶片 CAT 活性分别较 CK 处理高 89.96%、275.91%。ASL、ASH 处理 X45 叶片 CAT 活性分别较 CK 处理高 12.36%、185.00%。

棉花叶片 Pro 含量总体上随盐碱胁迫程度的增加呈上升趋势（图 3-4F），在盐碱胁迫下 L24 叶片 Pro 含量显著高于 X45。在 NaCl 胁迫下，L24 和 X45 叶片 Pro 含量平均较 CK 处理高 174.75% 和 101.24%。在 Na_2SO_4 胁迫下，L24 和 X45 叶片 Pro 含量平均较 CK 处理高 60.89% 和 12.02%，X45 叶片 Pro 含量随 Na_2SO_4 胁迫程度的增加呈先增加后降低的趋势。在 Na_2CO_3 + $NaHCO_3$ 胁迫下，L24 和 X45 叶片 Pro 含量平均较 CK 处理高 203.12% 和 120.45%。

第三节 棉花离子组响应特征

本研究对不同盐碱处理下根、茎、叶的离子组进行了最小二乘法判别（PLS-DA），分析 13 种元素在各处理样本之间的差异（图 3-5）。在第一主成分和第二主成分上根、茎、叶的离子组都得到了很好的区分。第一主成分和第二主成分分别解释了 26.4% 和 23.2% 的变异系数，说明不同组织有着特异的离子组特征。

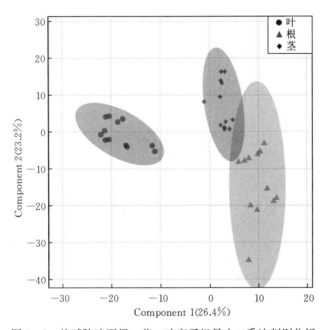

图 3-5 盐碱胁迫下根、茎、叶离子组最小二乘法判别分析

一、棉花离子组对 NaCl 胁迫的响应

为了揭示盐碱胁迫对棉花苗期元素分布的影响，我们对不同盐碱处理下根、茎、叶中 Na、K、Ca、Mg、P、S、Zn、Mn、Fe、Cu、B、Mo 和 Si 的含量进行了分析。NaCl 胁迫处理棉花根、茎和叶离子组的主成分分析如图 3-6 所示。根据主成分分析显示，不同浓度之间和不同棉花品种之间可被明显区分。不同浓度 NaCl 胁迫处理在第一主成分上被很好地分离，在根、茎和叶中的表现分别占总变异系数的 55.1%、60.8% 和 53.0%（图 3-6A、B 和 C）。在第一主成分上的主要贡献元素在根中为 Na、Mg、S、P 和 Si，茎中为 Na、Si、Zn、S 和 Mg，叶片中为 Na、Mg、Zn、Fe 和 Mn。在第二主成分上，根中离子组的结果中将两个品种的棉花 L24 和 X45 清楚地区分，解释了总变异系数的 28.9%；而茎离子组的结果中两个品种没有被区分；叶离子组的结果在 CSH 处理下将 L24 和 X45 很好地分离，解释了总变异系数的 14.7%。在第二主成分上的主要贡献元素在根中为 Mo、Ca 和 Cu，茎中为 K、Ca 和 Cu，叶片中为 Ca 和 Mo。

NaCl 胁迫对棉花各组织离子分布的影响见表 3-2。NaCl 胁迫增加根中 Na、Mg、P、

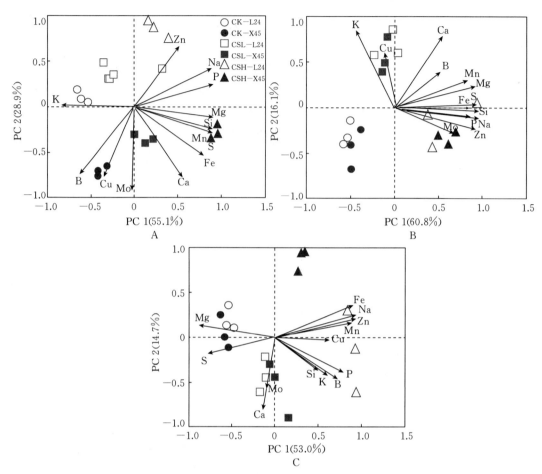

图 3-6　NaCl 胁迫下棉花苗期根、茎、叶离子组主成分分析以及各元素对 PC1 和 PC2 的负荷
A. 根离子变化及各元素对幼苗 PC1 和 PC2 的负荷　B. 茎离子变化及各元素对幼苗 PC1 和 PC2 的负荷
C. 叶离子变化及各元素对幼苗 PC1 和 PC2 的负荷

S、Zn、Mn 和 Si 的含量，显著降低根中 Cu、B 和 Mo 的含量。不同品种棉花根中元素的含量也有很大差异。L24 根中 Ca、Mg、S、Mn、Fe、Cu、B、Mo 和 Si 的含量均低于 X45。NaCl 胁迫对 L24 根中 S 和 Si 的含量无明显影响，但是显著增加 X45 根中 S 和 Si 的含量，显著降低 X45 根中 Mo 的含量。

表 3-2　NaCl 胁迫下两个基因型棉花苗期根、茎、叶中的元素含量（mg/g）

器官	品种	处理	Na	K	P	Ca	Mg	S	Zn	Mn	Fe	Cu	B	Mo	Si
根	L24	CK	0.666c	12.20a	0.957e	3.158b	2.126c	2.674c	0.028d	0.016d	0.639d	0.013bc	0.021b	0.007d	0.194c
		CSL	1.804b	12.19a	1.222c	3.098b	2.251c	2.644c	0.034cd	0.017d	0.656d	0.010d	0.017d	0.008c	0.207c
		CSH	3.343a	9.97b	1.389b	3.065b	2.637b	2.852c	0.210a	0.022bc	0.858c	0.011d	0.014e	0.004e	0.205c
	X45	CK	0.755c	11.77a	1.057de	3.633a	2.261c	2.711c	0.029d	0.020c	0.987b	0.017a	0.024a	0.012a	0.195c
		CSL	1.776b	9.83b	1.136cd	3.594a	2.392bc	3.267b	0.042c	0.024ab	0.985b	0.014b	0.019c	0.010b	0.229b
		CSH	3.441a	9.38b	1.594a	3.897a	3.942a	3.841a	0.091b	0.027a	1.212a	0.012cd	0.016d	0.009b	0.280a

（续）

器官	品种	处理	Na	K	P	Ca	Mg	S	Zn	Mn	Fe	Cu	B	Mo	Si
茎	L24	CK	0.417c	13.02c	1.114c	4.857d	2.965d	2.979c	0.015b	0.004c	0.040c	0.005bc	0.010a	0.003bc	0.035c
		CSL	1.802b	14.58b	1.181bc	6.480a	3.870bc	3.467bc	0.034b	0.006b	0.129b	0.006a	0.011a	0.004bc	0.051b
		CSH	5.692a	11.55d	1.472a	5.785c	4.457a	3.950ab	0.156a	0.006ab	0.248a	0.005b	0.011a	0.005ab	0.071a
	X45	CK	0.355c	11.75d	1.085c	4.497e	3.087d	3.297c	0.015b	0.004c	0.055c	0.005bc	0.010a	0.003c	0.044bc
		CSL	1.998b	15.49a	1.169bc	6.223b	3.759d	3.466bc	0.028b	0.006ab	0.062c	0.004bc	0.012a	0.003c	0.050b
		CSH	5.608a	10.42e	1.345ab	5.932c	4.255ab	4.032a	0.136a	0.008a	0.153b	0.003c	0.012a	0.007a	0.072a
叶	L24	CK	0.917de	14.67b	1.399bc	26.669bc	6.705a	18.143b	0.028c	0.036c	0.348c	0.005a	0.039b	0.013ab	0.165c
		CSL	1.983c	19.21a	1.507bc	28.748a	6.148b	15.693a	0.039b	0.043b	0.341c	0.004b	0.043b	0.013ab	0.183bc
		CSH	8.838a	19.15a	1.744a	26.022c	5.211c	14.538c	0.069a	0.055a	0.510c	0.005a	0.055c	0.014a	0.215a
	X45	CK	0.651e	14.98b	1.402b	25.906c	6.887a	20.957a	0.027c	0.042b	0.330c	0.003c	0.043b	0.013ab	0.197ab
		CSL	1.634cd	21.08a	1.649ab	28.366ab	6.327b	18.022b	0.040b	0.045b	0.384b	0.004b	0.052a	0.011bc	0.182bc
		CSH	6.168b	19.07a	1.476b	25.396c	6.336b	14.837c	0.063a	0.053a	0.495b	0.004b	0.043b	0.009c	0.177bc

注：同一列不同字母代表根、茎、叶中不同浓度盐碱胁迫下元素含量差异显著（$P<0.05$）。

NaCl 胁迫增加棉花茎中 Na、Ca、Mg、P、S、Zn、Mn、Fe 和 Si 的含量。高浓度 NaCl 胁迫显著降低茎中 K 的含量。从不同品种来看，L24 茎中 Fe 和 Cu 的含量在 NaCl 胁迫下均显著高于 X45。低浓度 NaCl 胁迫下 L24 茎中 K 的含量显著低于 X45，而 Ca 的含量显著高于 X45。高浓度 NaCl 胁迫下 L24 茎中 K 的含量显著高于 X45，但是 Ca 的含量与 X45 无明显差异。

NaCl 胁迫增加棉花叶中 Na、K、Zn、Mn、Fe、Cu 的含量，显著降低 Mg 和 S 的含量。低浓度的 NaCl 胁迫显著增加叶中 Ca 的含量。从不同品种来看，低浓度 NaCl 胁迫下 L24 叶中 Na、Mg、Cu、Mo 和 Si 的含量与 X45 相比无明显差异，但是 P、S、Fe 和 B 的含量显著低于 X45。在高浓度 NaCl 胁迫下，L24 叶中 Na、P、Cu、B、Mo 和 Si 的含量显著高于 X45，但是 Mg 的含量显著低于 X45。

二、棉花离子组对 Na₂SO₄ 胁迫的响应

Na$_2$SO$_4$ 胁迫下棉花苗期根、茎、叶离子组主成分分析及各元素对 PC1 和 PC2 的负荷如图 3-7 所示。主成分分析结果显示，不同浓度之间和不同棉花品种之间能被清楚地分离。不同浓度 Na$_2$SO$_4$ 胁迫处理在第一主成分上被很好地分离，在根、茎和叶中的表现分别占总变异系数的 53.1%、50.3% 和 56.4%。对第一主成分贡献最大的元素在根中是 Na、S、Mg、Zn 和 B，在茎中是 Na、S、P、Zn 和 Mn，在叶中是 Na、S、P 和 Ca。不同棉花品种（L24 和 X45）在第二主成分上被很好地分离，在根、茎和叶的离子组中分别解释了总变异系数的 20.6%、24.1% 和 18.3%。对第二主成分贡献最大的元素在根中是 Fe、Mo、Ca、Mn 和 K，在茎中是 K、Ca、Cu、Mo 和 Fe，在叶中是 Mg、Cu 和 Mn。

Na$_2$SO$_4$ 胁迫对棉花离子组分布的影响见表 3-3。Na$_2$SO$_4$ 胁迫增加根中 Na、Mg、P、S、Zn 的含量，降低 Ca、Cu、B 的含量。低浓度 Na$_2$SO$_4$ 胁迫下根中 Mo 的含量与 CK 处理相比无明显差异，但是高浓度 Na$_2$SO$_4$ 胁迫显著降低根中 Mo 的含量。从不同棉

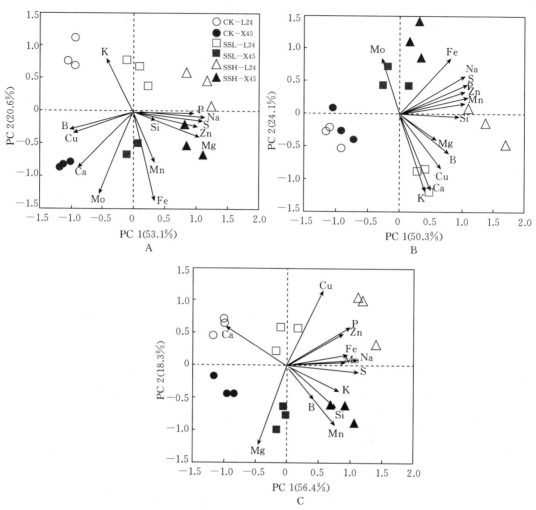

图 3-7 Na₂SO₄ 胁迫下棉花苗期根、茎、叶离子组主成分分析及各元素对 PC1 和 PC2 的负荷

A. 根离子变化及各元素对幼苗 PC1 和 PC2 的负荷　B. 茎离子变化及各元素对幼苗 PC1 和 PC2 的负荷

C. 叶离子变化及各元素对幼苗 PC1 和 PC2 的负荷

花品种来看，Na₂SO₄ 胁迫下 L24 根中 K 的含量显著高于 X45，Ca、Fe 和 Mo 的含量显著低于 X45。在低浓度 Na₂SO₄ 胁迫下，L24 根中 Mo 和 Si 的含量显著低于 X45。在高浓度 Na₂SO₄ 胁迫下，L24 根中 P、Mn 和 Si 的含量显著高于 X45。

表 3-3　Na₂SO₄ 胁迫下两个基因型棉花苗期根、茎、叶中的元素含量（mg/g）

器官	品种	处理	Na	P	K	Ca	Mg	S	Zn	Mn	Fe	Cu	B	Mo	Si
根	L24	CK	0.666c	0.957d	12.20a	3.158bc	2.126c	2.674c	0.028e	0.016d	0.639d	0.013b	0.021b	0.006c	0.194c
		CSL	2.174b	1.271b	11.73a	2.889d	2.436b	4.117b	0.034c	0.017cd	0.759c	0.011bc	0.014c	0.006c	0.221b
		CSH	3.529a	1.688a	12.28a	2.680e	2.750a	6.571a	0.050b	0.021a	0.874b	0.010cd	0.013c	0.004d	0.213b
	X45	CK	0.755c	1.057cd	11.77a	3.633a	2.261bc	2.711c	0.029de	0.020ab	0.987a	0.017a	0.024a	0.012a	0.195c
		CSL	2.097b	1.240bc	10.64b	3.333a	2.451b	4.590b	0.033cd	0.019abc	0.970a	0.012bc	0.014c	0.011a	0.240a
		CSH	3.357a	1.323b	9.48c	2.959cd	2.887a	6.216a	0.055a	0.018bcd	0.980a	0.009d	0.014c	0.009b	0.193c

（续）

器官	品种	处理	Na	P	K	Ca	Mg	S	Zn	Mn	Fe	Cu	B	Mo	Si
茎	L24	CK	0.417d	1.114d	13.02bc	4.857b	2.965c	2.979d	0.015c	0.004b	0.040c	0.005b	0.010b	0.003bc	0.035c
		CSL	2.687c	1.392c	15.38a	5.874a	3.907a	5.327c	0.024b	0.007a	0.075bc	0.006a	0.012ab	0.003bc	0.043bc
		CSH	5.791a	2.106a	13.41b	5.711a	3.309bc	8.040a	0.030a	0.007a	0.188a	0.007a	0.012a	0.002c	0.065a
	X45	CK	0.355d	1.085d	11.75d	4.497b	3.087bc	3.297d	0.015c	0.004b	0.055c	0.005b	0.010b	0.003c	0.044bc
		CSL	2.637c	1.473bc	12.14cd	4.073c	3.451b	5.401c	0.024b	0.007a	0.100b	0.004b	0.011ab	0.005a	0.041bc
		CSH	5.490a	1.656b	11.34d	3.766c	3.360bc	6.960b	0.024b	0.006a	0.224a	0.004b	0.010b	0.004ab	0.046b
叶	L24	CK	0.917d	1.399c	14.67b	26.670a	6.705ab	18.140c	0.028c	0.036d	0.348bc	0.005bc	0.039d	0.013b	0.165e
		CSL	2.818c	1.765b	21.65a	25.150b	6.305ab	28.140b	0.037b	0.047bc	0.357bc	0.005ab	0.044c	0.014b	0.179de
		CSH	7.889a	2.305a	21.31a	23.500b	6.071c	48.280a	0.046a	0.047bc	0.384a	0.006a	0.049b	0.017a	0.207b
	X45	CK	0.651d	1.402c	14.98b	25.910ab	6.887a	20.960c	0.027c	0.042c	0.330bc	0.003e	0.043cd	0.013b	0.197bc
		CSL	2.612c	1.573c	22.80a	23.700b	7.072a	30.010b	0.035b	0.050b	0.349bc	0.004de	0.057a	0.012b	0.189cd
		CSH	6.954b	1.773b	21.25a	22.710c	6.820a	45.980a	0.033b	0.060a	0.390a	0.004cd	0.043cd	0.018a	0.226a

注：同一列不同字母代表根、茎、叶中不同浓度盐碱胁迫下元素含量差异显著（$P<0.05$）。

Na_2SO_4 胁迫显著增加棉花茎中 Na、P、S、Zn 和 Mn 的含量。与 CK 处理相比，高浓度 Na_2SO_4 胁迫也显著增加茎中 Fe 的含量。从不同棉花品种来看，Na_2SO_4 胁迫下 L24 茎中 K、Ca 和 Cu 的含量显著高于 X45，但是 L24 茎中 Mo 的含量显著低于 X45。低浓度 Na_2SO_4 胁迫下 L24 茎中 Mg 的含量显著高于 X45，高浓度 Na_2SO_4 胁迫下 L24 茎中 P、S、Zn、B 和 Si 的含量显著高于 X45。

Na_2SO_4 胁迫显著增加棉花叶中 Na、K、S、Zn 和 Mn 的含量，但是显著降低 Ca 的含量。低浓度 Na_2SO_4 胁迫显著增加 L24 叶中 P 和 B 的含量、X45 叶中 B 的含量，降低 L24 叶中 Mg 的含量。高浓度 Na_2SO_4 胁迫显著增加棉花叶中 Fe、Cu、Mo 和 Si 的含量和 X45 叶中 P 的含量。从不同棉花品种来看，Na_2SO_4 胁迫下 L24 叶中 P 和 Cu 的含量显著高于 X45。低浓度 Na_2SO_4 胁迫下，L24 叶中 Ca 的含量显著高于 X45，但是 B 和 Mg 的含量显著低于 X45。高浓度 Na_2SO_4 胁迫下，L24 叶中 Na、Zn 和 B 的含量显著高于 X45，但是 Mg、Mn 和 Si 的含量显著低于 X45。

三、棉花离子组对 $Na_2CO_3+NaHCO_3$ 胁迫的响应

$Na_2CO_3+NaHCO_3$ 胁迫下棉花苗期根、茎、叶离子组的主成分分析及各元素对 PCA 如图 3-8 所示。根据主成分分析显示，不同浓度处理和不同棉花品种之间能被明显区分。不同浓度 Na_2CO_3 胁迫处理在第一主成分上被很好地分离，在根、茎和叶中的表现分别占总变异系数的 56.8%、55.9% 和 51.0%。对第一主成分贡献最大的元素在根中是 Na、Ca、K 和 Zn，在茎中是 Na、Mn、Fe、P 和 Zn，在叶中是 Na、Mn、K、Mg、Ca 和 S。不同棉花品种（L24 和 X45）在第二主成分上被很好地分离，在根、茎和叶的离子组中分别解释了总变异系数的 19.2%、13.4% 和 21.4%。对第二主成分贡献最大的元素在根中是 Mo、Mn、Fe 和 Si，在茎中是 Cu、Si、B 和 Mo，在叶中是 Fe、B、Zn 和 Si。

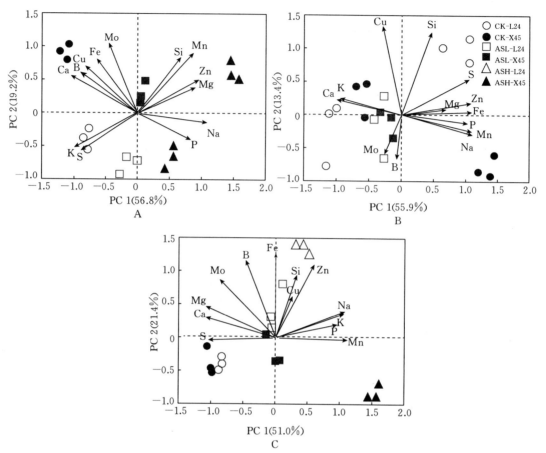

图 3-8　$Na_2CO_3 + NaHCO_3$ 胁迫下棉花苗期根、茎、叶离子组主成分分析及各元素对 PC1 和 PC2 的负荷

A. 根离子变化及各元素对幼苗 PC1 和 PC2 的负荷　B. 茎离子变化及各元素对幼苗 PC1 和 PC2 的负荷

C. 叶离子变化及各元素对幼苗 PC1 和 PC2 的负荷

$Na_2CO_3 + NaHCO_3$ 胁迫对棉花离子组分布的影响见表 3-4。高浓度 $Na_2CO_3 + NaHCO_3$ 胁迫增加根中 Na、P、Zn 和 Mn 的含量，降低根中 K、Ca、S、Cu、B 和 Fe 的含量。低浓度 $Na_2CO_3 + NaHCO_3$ 胁迫增加 L24 根中 Mo 的含量，降低 X25 根中 Mo 的含量。高浓度 $Na_2CO_3 + NaHCO_3$ 胁迫显著增加根中 Mg、Zn 和 Mn 的含量，但是显著降低 Fe 的含量及 X45 根中 S 和 Mo 的含量。从不同棉花品种来看，$Na_2CO_3 + NaHCO_3$ 胁迫下 L24 根中 K 和 S 的含量显著高于 X45，但是 Mn 和 Si 的含量显著低于 X45。低浓度 $Na_2CO_3 + NaHCO_3$ 胁迫下 L24 根中 P 的含量显著高于 X45，但是 Fe 的含量显著低于 X45。高浓度 $Na_2CO_3 + NaHCO_3$ 胁迫下 L24 根中 Fe 的含量显著高于 X45，但是 Mg 和 Zn 的含量显著低于 X45。

$Na_2CO_3 + NaHCO_3$ 胁迫增加棉花茎中 Na、P、S、Zn、Mn 和 Fe 的含量，但是降低茎中 K、Ca 的含量。从不同棉花品种来看，$Na_2CO_3 + NaHCO_3$ 胁迫下 L24 茎中 Cu 的含量显著高于 X45，但是茎中 Na 的含量显著低于 X45。低浓度 $Na_2CO_3 + NaHCO_3$ 胁迫下，L24 茎中 P 的含量显著高于 X45，S 和 Si 的含量显著低于 X45。高浓度 $Na_2CO_3 + NaHCO_3$

胁迫下，L24 茎中 Mn 的含量显著低于 X45，但是 K、Ca、S 和 Si 的含量显著高于 X45。

表 3-4　$Na_2CO_3 + NaHCO_3$ 胁迫下两个基因型棉花苗期根、茎、叶中的元素含量（mg/g）

器官	品种	处理	Na	K	Ca	Mg	P	S	Zn	Mn	Fe	Cu	B	Mo	Si
根	L24	CK	0.666c	12.20a	3.158b	2.126c	0.957c	2.674a	0.028c	0.016d	0.639b	0.013b	0.021b	0.007c	0.194bc
		ASL	1.978b	11.98a	2.837c	2.052c	1.285a	2.638a	0.029c	0.017d	0.644b	0.010c	0.011c	0.008bc	0.197b
		ASH	3.553a	10.42b	2.541d	2.643b	1.308a	2.650a	0.037b	0.021c	0.613c	0.009c	0.010c	0.007bc	0.184c
	X45	CK	0.755c	11.77a	3.633a	2.261c	1.057c	2.711a	0.029c	0.020c	0.987a	0.017a	0.024a	0.012a	0.195bc
		ASL	2.037b	10.41b	3.023b	2.146c	1.029bc	2.429b	0.029c	0.024b	0.970a	0.009c	0.011c	0.008bc	0.220a
		ASH	3.832a	9.19c	2.383d	2.994a	1.314a	2.262c	0.064a	0.029a	0.551d	0.010c	0.011c	0.008b	0.233a
茎	L24	CK	0.417e	13.02a	4.857a	2.965bc	1.114d	2.979e	0.015b	0.004d	0.040c	0.005b	0.010a	0.003a	0.035c
		ASL	1.637d	12.03b	3.750c	2.640c	1.473b	3.261d	0.017b	0.005c	0.063bc	0.005ab	0.011a	0.002a	0.033c
		ASH	3.993b	11.27b	3.594c	3.174ab	1.655a	3.955a	0.022a	0.007b	0.180a	0.006a	0.009a	0.003a	0.052a
	X45	CK	0.355e	11.75b	4.497b	3.087b	1.085d	3.297cd	0.015bc	0.004cd	0.055bc	0.005b	0.010a	0.003a	0.044b
		ASL	1.993c	11.41b	3.813c	2.652c	1.280c	3.456c	0.016bc	0.005c	0.081b	0.004c	0.009a	0.003a	0.043b
		ASH	6.322a	10.18c	3.226d	3.440a	1.736a	3.736b	0.021a	0.009a	0.194a	0.003c	0.010a	0.003a	0.038bc
叶	L24	CK	0.917c	14.67c	26.670a	6.705ab	1.399c	18.140b	0.028d	0.036bc	0.348bc	0.005ab	0.039b	0.013ab	0.165c
		ASL	2.888bc	18.94ab	24.300b	6.462bc	1.834a	17.980b	0.040b	0.044c	0.387b	0.005ab	0.041b	0.013ab	0.216ab
		ASH	7.365a	19.98ab	22.600e	6.322c	1.641b	15.580b	0.045a	0.065b	0.566a	0.005b	0.047a	0.014a	0.230a
	X45	CK	0.651c	14.98c	25.910a	6.887a	1.402c	20.960a	0.027d	0.042c	0.330cd	0.003c	0.043b	0.013ab	0.197abc
		ASL	2.497b	18.07b	20.690d	6.267c	1.563b	16.310b	0.033c	0.047c	0.322cd	0.004bc	0.039b	0.012b	0.210ab
		ASH	7.704a	20.87a	16.580e	4.632d	1.850a	13.540d	0.034c	0.083a	0.280d	0.004ab	0.032c	0.006c	0.193bc

注：同一列不同字母代表根茎叶中不同浓度盐碱胁迫下元素含量差异显著（$P < 0.05$）。

$Na_2CO_3 + NaHCO_3$ 胁迫显著增加棉花叶中 Na、K、P 和 Zn 的含量，但是降低 Ca、Mg 和 S 的含量。从不同棉花品种来看，$Na_2CO_3 + NaHCO_3$ 胁迫下 L24 叶中 S、Zn 和 Fe 的含量显著高于 X45。低浓度 $Na_2CO_3 + NaHCO_3$ 胁迫下，L24 叶中 Ca 和 P 的含量显著高于 X45。高浓度 $Na_2CO_3 + NaHCO_3$ 胁迫下，L24 叶中 Mg、B、Mo 和 Si 的含量显著高于 X45，但是 P 和 Mn 的含量显著低于 X45。

第四节　不同盐碱胁迫下离子组差异比较

不同盐碱胁迫对棉花各组织器官离子组差异的比较如表 3-5 所示。在 NaCl 胁迫下，K、Cu 和 B 的含量在根部是降低的，而在叶中是增加的，这表明 K、Cu 和 B 从根部向地上部运输，在叶中真正降低的元素仅有 Mg、S 和 Ca。在 Na_2SO_4 胁迫下，K、Ca、Cu、B 和 Mo 的含量在根部是降低的，而 K、Cu 和 B 在叶中是增加的，这也表明 K、Cu 和 B 从根部向地上部运输，在叶中真正降低的元素仅有 Ca。这些结果显示两种中性盐胁迫下离子组的差异有较大的类似之处。在 $Na_2CO_3 + NaHCO_3$（碱）胁迫下，K、Ca、S、Cu、B 和 Mo 的含量在根中是降低的，说明这些元素均有可能向地上部运输，但是叶中增加的相应元素是 K，说明在碱胁迫促进了 K 从根部向地上部运输；在叶中真正降低的元素比较多，如 Ca、Mg、S 和 Mo 等。从表中也可以看出，碱胁迫对离子吸收的抑制大于盐胁迫，因为在碱胁迫下，根、茎和叶中降低的元素要多于中性盐胁迫。所以，在中性盐胁迫下，只减少了个别离子的吸收，中性盐胁迫以打乱离子平衡为主，但是碱胁迫除了打乱离子平衡外，还抑制了对矿质元素的吸收。

表 3-5 不同盐碱胁迫下棉花苗期根、茎、叶中的元素含量变化的差异

胁迫类型	棉花器官	增加的元素	降低的元素
NaCl	根	Na、Mg、P、S、Zn、Mn、Fe、Si	K、Cu、B、Mo
	茎	Na、Mg、P、S、Zn、Fe、Si、Ca、Mn、Mo	K、Cu
	叶	Na、K、Zn、Mn、Fe、Cu、B	Mg、S、Ca
Na$_2$SO$_4$	根	Na、Mg、P、S、Zn、Si、Fe	Ca、Cu、B、Mo、K
	茎	Na、P、S、Zn、Mn、Mg、Fe、Si	K
	叶	Na、K、S、Zn、Mn、P、Fe、Cu、B、Si	Ca
Na$_2$CO$_3$＋NaHCO$_3$	根	Na、P、Zn、Mn、Si	K、Ca、S、Cu、B、Fe、Mo
	茎	Na、P、S、Zn、Mn、Fe	K、Ca
	叶	Na、K、P、Zn、Mn、Fe、Si	Ca、Mg、S、Mo

第五节 相关性分析

在 NaCl 胁迫下（表 3-6），叶中 Na 含量与生物量（Biomass）呈极显著负相关关系，与叶片 REC 呈极显著正相关关系；Mg 含量与叶片生物量呈显著正相关关系；K、Ca 含量与 Pro 含量、SOD 活性、POD 活性、CAT 活性呈显著正相关关系。Na 与 Fe、Zn、Mn 之间及 Mg 和 S 之间存在协同关系，Na 与 Mg、S、Ca 之间存在拮抗关系。

在 Na$_2$SO$_4$ 胁迫下（表 3-7），叶中 Na 含量与生物量呈极显著负相关关系，与叶片 REC 和 MDA 含量呈极显著正相关关系；Ca 含量与叶片生物量呈极显著正相关关系；K、Zn、B 含量与 SOD、POD 活性呈显著正相关关系。Na 与 Fe、Mo、S、Mn、Si 之间存在协同关系，此外 Mg 和 Ca 之间存在协同关系，Na 与 Mg、Ca 之间存在拮抗关系。

在 Na$_2$CO$_3$＋NaHCO$_3$ 胁迫下（表 3-8），与中性盐胁迫一样，Na 含量与叶片生物量呈极显著负相关关系，与 REC、MDA 含量呈极显著正相关关系。Ca、Mg、S、Mo 含量与叶片生物量之间呈极显著正相关关系。K 含量与 Pro 含量、SOD 活性、POD 活性呈显著正相关关系。P 含量与 Pro 含量、POD 活性呈极显著正相关关系。Zn、Si 含量与 SOD、POD 活性呈显著正相关关系。Na 与 K、P、Zn、Mn 存在协同关系，Na 与 Ca、Mg、S、Mo 之间存在拮抗关系。Ca、Mg、S、Mo 之间存在协同关系。

综上，在 NaCl 胁迫中，与叶片生物量以及抗氧化酶活性相关的元素有 Mg、K、Ca，Na$_2$SO$_4$ 胁迫下为 Ca、K、Zn 和 B，Na$_2$CO$_3$＋NaHCO$_3$ 胁迫下是 Ca、Mg、S、Mo、K、P、Si 和 Zn。因此，在增加叶片中这些元素的含量可以促进棉花缓解响应的盐害。

表3-6 NaCl胁迫下棉花苗期叶片各元素间及各元素与生理特性的相关性

项目	Na	K	Ca	Mg	P	S	Zn	Mn	Fe	Cu	B	Mo	Si
Na	1												
K	0.409	1											
Ca	−0.368	0.515*	1										
Mg	−0.798**	−0.416	0.072	1									
P	0.586*	0.570*	0.071	−0.769**	1								
S	−0.766**	−0.475*	0.023	0.762*	−0.462	1							
Zn	0.946**	0.543*	−0.265	−0.754**	0.622**	−0.816**	1						
Mn	0.859**	0.550*	−0.243	−0.633**	0.563*	−0.617**	0.884**	1					
Fe	0.939**	0.444	−0.402	−0.642**	0.540*	−0.689**	0.928**	0.886**	1				
Cu	0.621**	0.223	−0.060	−0.672**	0.520*	−0.612**	0.520*	0.244	0.540*	1			
B	0.497*	0.599*	0.115	−0.641**	0.931**	−0.279	0.544*	0.586*	0.483*	0.332	1		
Mo	−0.080	−0.253	0.219	−0.107	0.020	0.165	−0.217	−0.196	−0.274	0.217	0.028	1	
Si	0.476*	0.275	−0.007	−0.448	0.439	−0.071	0.410	0.496*	0.362	0.125	0.452	0.397	1
Biomass	−0.632**	−0.824**	−0.058	0.547*	−0.609**	0.680**	−0.782**	−0.772**	−0.699**	−0.203	−0.584**	0.529*	−0.168
REC	0.821**	0.686**	−0.151	−0.642**	0.576*	−0.768**	0.913**	0.873**	0.874**	0.338	0.530*	−0.514*	0.232
MDA	0.402	0.535*	−0.176	−0.085	0.170	−0.415	0.559*	0.580*	0.601*	−0.028	0.186	−0.809**	−0.150
Pro	0.078	0.832**	0.478*	−0.179	0.445	−0.318	0.287	0.303	0.203	−0.033	0.461	−0.540*	−0.101
SOD	0.317	0.621**	0.527*	−0.686**	0.612**	−0.523*	0.347	0.307	0.151	0.340	0.542*	0.262	0.333
POD	−0.047	0.605**	0.759**	−0.337	0.367	−0.340	0.019	−0.019	−0.156	0.166	0.279	0.147	0.035
CAT	0.271	0.725**	0.577*	−0.562**	0.513*	−0.597**	0.375	0.319	0.171	0.236	0.436	0.043	0.186

注: **表示在0.01水平上显著相关, *表示在0.05水平上显著相关。下同。

表3-7 Na₂SO₄ 胁迫下棉花苗期叶片各元素间及各元素与生理特性的相关性

项目	Na	K	Ca	Mg	P	S	Zn	Mn	Fe	Cu	B	Mo	Si
Na	1												
K	0.556*	1											
Ca	-0.758**	-0.737**	1										
Mg	-0.432	-0.041	0.016	1									
P	0.855**	0.554*	-0.589*	-0.698**	1								
S	0.969**	0.667**	-0.840**	-0.323	0.848**	1							
Zn	0.715**	0.692**	-0.552*	-0.499*	0.844**	0.716**	1						
Mn	0.636**	0.679**	-0.703**	0.170	0.332	0.696**	0.270	1					
Fe	0.835**	0.483*	-0.706**	-0.401	0.686**	0.815**	0.479*	0.507*	1				
Cu	0.473	0.294	-0.109	-0.676**	0.653**	0.390	0.689**	-0.088	0.493*	1			
B	0.241	0.664**	-0.505*	0.131	0.298	0.316	0.533*	0.354	0.017	0.009	1		
Mo	0.848**	0.293	-0.667**	-0.329	0.656**	0.817**	0.467	0.535*	0.670**	0.349	-0.040	1	
Si	0.686**	0.369	-0.737**	0.016	0.458	0.762**	0.258	0.713**	0.592**	-0.062	0.159	0.687**	1
Biomass	-0.763**	-0.901**	0.859**	0.176	-0.647**	-0.812**	-0.686**	-0.806**	-0.641**	-0.257	-0.606**	-0.531*	-0.579*
REC	0.832**	0.786**	-0.869**	-0.073	0.593**	0.870**	0.578*	0.863**	0.727**	0.175	0.496*	0.618*	0.688**
MDA	0.680**	0.702**	-0.855**	0.157	0.357	0.732**	0.339	0.887**	0.639**	-0.001	0.441	0.569*	0.696**
Pro	-0.064	0.634**	-0.230	0.051	0.127	0.009	0.367	0.121	-0.066	0.055	0.779**	-0.421	-0.241
SOD	0.444	0.886**	-0.548*	-0.300	0.551*	0.488*	0.693**	0.504*	0.373	0.361	0.661**	0.131	0.134
POD	0.267	0.771**	-0.461	-0.154	0.402	0.324	0.578*	0.318	0.226	0.270	0.760**	-0.069	-0.007
CAT	0.186	0.661**	-0.257	-0.441	0.444	0.203	0.605**	0.138	0.158	0.464	0.441	-0.025	-0.182

表 3 - 8　Na₂CO₃＋NaHCO₃ 胁迫下棉花苗期叶片各元素间及各元素与生理特性的相关性

项目	Na	K	Ca	Mg	P	S	Zn	Mn	Fe	Cu	B	Mo	Si
Na	1												
K	0.849**	1											
Ca	−0.753**	−0.745**	1										
Mg	−0.747**	−0.666**	0.904**	1									
P	0.653**	0.786**	−0.610**	−0.658**	1								
S	−0.820**	−0.765**	0.811**	0.823**	−0.595**	1							
Zn	0.641**	0.667**	−0.243	−0.151	0.630**	−0.458	1						
Mn	0.925**	0.768**	−0.839**	−0.887**	0.634**	−0.808**	0.395	1					
Fe	0.364	0.253	0.198	0.293	−0.012	−0.053	0.659**	0.039	1				
Cu	0.324	0.203	0.035	−0.085	0.239	−0.307	0.473	0.093	0.454	1			
B	−0.087	−0.172	0.508*	0.602**	−0.255	0.374	0.423	−0.290	0.739**	0.155	1		
Mo	−0.499*	−0.422	0.782**	0.896**	−0.517*	0.568*	0.146	−0.708**	0.552*	0.094	0.801**	1	
Si	0.348	0.394	−0.214	−0.044	0.399	−0.164	0.625**	0.210	0.529*	0.019	0.514*	0.181	1
Biomass	−0.749**	−0.748**	0.944**	0.793**	−0.544*	0.827**	−0.342	−0.797**	0.068	0.026	0.337	0.603**	−0.328
REC	0.838**	0.769**	−0.909**	−0.867**	0.565*	−0.842**	0.320	0.892**	−0.028	0.012	−0.398	−0.718**	0.237
MDA	0.787**	0.805**	−0.971**	−0.887**	0.695**	−0.866**	0.364	0.845**	−0.146	0.040	−0.462	−0.736**	0.255
Pro	0.303	0.585*	−0.702**	−0.528*	0.632**	−0.540*	0.289	0.323	−0.316	−0.066	−0.454	−0.462	0.266
SOD	0.259	0.539*	−0.271	−0.009	0.454	−0.310	0.710**	0.052	0.367	0.171	0.255	0.224	0.627**
POD	0.355	0.616**	−0.245	−0.105	0.678**	−0.366	0.803**	0.137	0.354	0.294	0.127	0.083	0.554*
CAT	0.130	0.366	−0.647**	−0.435	0.360	−0.446	0.037	0.197	−0.434	−0.191	−0.494*	−0.406	0.116

植物生长受抑是其对盐渍环境最常见的生理响应。苗期许多生长和生理参数可以被用来验证作物对盐的耐受性，如相对生物量，Na 和 K 吸收量，以及 K/Na 比。本研究表明，盐碱胁迫显著抑制棉花生长，中性盐（NaCl 和 Na_2SO_4）胁迫在低浓度以抑制地上部生长为主，对根系影响相对较小；高浓度胁迫对地上部和根系生长的抑制均显著。但是碱（Na_2CO_3＋$NaHCO_3$）胁迫无论低浓度还是高浓度均会降低棉花地上部和地下部的生物量，这可能是由于碱胁迫抑制根系对矿质元素的吸收，更容易造成营养失衡。从品种上来看，L24 的根、茎和叶相对生物量整体上显著高于 X45，表明盐碱胁迫对 X45 的生长抑制率显著高于 L24。相关性分析表明：Na 的含量与生物量之间呈极显著负相关关系。盐对作物生长抑制的原因可能是钠离子的毒害（Munns，2010）；碱胁迫主要是 pH 升高引起的植物营养代谢紊乱。

植物质膜的结构和功能在植物对逆境适应性中起重要作用。逆境胁迫下，植物响应盐胁迫并上调 SOD、POD 和 CAT 等保护酶类，可以增强清除活性氧自由基的能力。本研究发现：盐碱胁迫均增加棉花叶片 SOD、POD 和 CAT 活性。Ibrahim 等（2019）研究也发现：NaCl 胁迫增加棉花叶片 SOD、POD 和 CAT 活性。从基因型来看，耐盐型棉花品种 L24 的 SOD、POD 和 CAT 活性均显著高于 X45，表明耐盐型棉花品种有更好的清除活性氧自由基的能力。有研究也表明：耐盐棉花品种具有较强的抗氧化系统（Zhang et al.，2013）。但也有研究表明：与盐敏感基因型相比，耐盐型基因型的 CAT 活性更高（Sairam et al.，2002）。其内在机理有待于进一步研究。

本研究发现：盐碱胁迫均显著增加了叶片相对电导率，其中碱（Na_2CO_3＋$NaHCO_3$）胁迫下叶片相对电导率显著低于盐（NaCl 和 Na_2SO_4）胁迫，说明盐胁迫对叶片质膜透性的伤害更严重。丙二醛是膜系统伤害的主要标志之一，本研究中碱（Na_2CO_3＋$NaHCO_3$）胁迫下丙二醛的含量显著高于盐（NaCl 和 Na_2SO_4）胁迫，其中 Na_2SO_4 胁迫下丙二醛的含量最低，说明碱胁迫受到活性氧伤害更严重。Na_2SO_4 胁迫处理中，SO_4^{2-} 的存在使棉花植株吸收更多的 S 元素，而 S 是构成抗氧化酶的主要元素，因此会大大提高抗氧化酶活性，从而减少丙二醛的产生，相关性分析也表明在 Na_2SO_4 胁迫下 S 的含量与 SOD 活性呈正相关关系。从品种上看，盐敏感品种 X45 的 MDA 含量远大于耐盐品种 L24，原因可能是盐敏感品种不能有效清除叶中的过量活性氧，这与非酶抗氧化剂和抗氧化酶的活性密切相关（Huang et al.，2015）。

碱胁迫下土壤的 pH 升高，会抑制作物对矿质元素的吸收，因此，作物会分泌出一些有机酸活化根系周围的矿质元素来抵御碱胁迫，脯氨酸是有机酸的一种，在碱胁迫中的脯氨酸含量可能会更高。本研究发现脯氨酸含量总体上随土壤盐碱胁迫程度的增加呈上升趋势，碱（Na_2CO_3＋$NaHCO_3$）胁迫下棉花叶片的脯氨酸含量显著高于 Na_2SO_4 胁迫，比 NaCl 胁迫略高但是差异不大。从品种上看，L24 叶片脯氨酸含量在盐碱胁迫下显著高于 X45。有研究表明脯氨酸的含量随土壤盐分水平的增加而增加（Azarmi et al.，2016；Iqbal et al.，2018）。X45 叶片脯氨酸含量在 Na_2SO_4 胁迫下呈现先升后降的原因可能是高浓度盐（Na_2SO_4）胁迫超出了植物的耐受范围。离子组的改变也会影响脯氨酸的含量，通过相关性分析发现，在 NaCl 胁迫下 K、Ca 的含量与脯氨酸含量呈正相关关系，在 Na_2SO_4 胁迫下 K、B 的含量与脯氨酸含量呈正相关关系，在 $NaCO_3$＋$NaHCO_3$ 胁迫下 P、K 的含量与脯氨酸含量呈正相关关系，但是 Ca、Mg、S 的含量与脯氨酸含量呈现负相关关系。

任何营养元素的缺乏都会改变植物的新陈代谢，进而影响代谢产物的合成。盐碱胁迫会抑制植物对营养元素的吸收，从而打乱植物体内离子平衡。所以，盐碱胁迫下重建体内离子稳态是植物的一个重要耐盐策略。Wu 等（2013）研究发现大麦地下部和地上部的离子组在中、高盐浓度胁迫下主要通过离子的重新排列来应对盐胁迫。本研究发现盐碱胁迫均增加棉花根、茎和叶中的 Na 含量，棉花叶中 Na 的含量均高于根中 Na 的含量，说明无论是耐盐型品种还是盐敏感品种棉花都不能阻止 Na 从根向叶运输。盐胁迫下 L24 叶中会比 X45 积累更多的 Na，说明棉花是通过将 Na 储存在叶片中达到耐盐效果。但是在碱胁迫中，两个品种叶片中 Na 的含量差异不大，说明棉花在耐碱性和耐盐性上有着不同的离子机制。Yang 等研究也表明盐（NaCl 和 Na_2SO_4）胁迫和碱（$NaHCO_3$ 和 Na_2CO_3）胁迫会增加碱地肤体内 Na 的含量。从品种上看，L24 和 X45 根系 Na 含量没有明显差异，但是 L24 根的 K/Na 高于 X45，因此，高的 K/Na 被认为是作物耐盐的一种机制。此外，盐胁迫和碱胁迫均增加棉花叶片 K 的含量，从而增加叶片的 K/Na。Jafri 等的研究也发现叶中 Na 的适度积累会导致 K 含量的略微上升。P 参与植物体多种代谢过程，能提高作物抗逆性和适应能力。本研究发现盐碱胁迫显著增加根中 P，叶中的 P 含量与 CK 相比也有一定程度的增加。高浓度 NaCl、Na_2SO_4 和低浓度 Na_2CO_3＋$NaHCO_3$ 胁迫下 L24 叶中 P 的含量均高于 X45。但 Azevedo 等（2000）通过盐分对玉米养分吸收研究发现，玉米体内 P 吸收效率随盐分浓度增加而下降，其中耐盐玉米的 P 吸收效率较盐敏感玉米高。

在盐胁迫下，植物叶片内的无机离子种类和含量会发生明显变化。植物细胞内 Na 含量的增加相应地会导致 Ca 和 Mg 含量的相对减少。本研究发现 NaCl 胁迫和 Na_2CO_3＋$NaHCO_3$ 胁迫降低叶中 Mg 和 S 的含量，但是 Na_2SO_4 胁迫显著增加根、茎、叶中 S 的含量。叶片中 Mg 含量明显降低可能与盐胁迫后叶片中叶绿素含量较低有关。Ca 在盐胁迫下对植物细胞的膜结构有保护作用，同时在减轻盐害损伤方面也起着重要作用，而且不影响植株体内的 K 含量。然而，Ca 与 Na 具有一定的拮抗作用，对 Na 过量摄入会相应地会导致棉花植株体内 Ca 的相对缺乏。研究发现盐胁迫显著降低植物 Ca 的含量（Zhang et al.，2013）。本研究表明 Na_2SO_4 胁迫和 Na_2CO_3＋$NaHCO_3$ 胁迫显著降低根和叶中 Ca 的含量，但是低浓度 NaCl 胁迫却显著增加叶中 Ca 的含量。研究也表明在质膜中，高浓度的 Na 可以取代结合 Ca，最终破坏膜结构的完整性和功能。不同品种棉花对 Ca、Mg 和 S 的吸收也不尽一致，总体上棉花各器官 Ca、Mg 和 S 的含量表现为叶＞茎＞根。

Fe、Mn、Cu、Zn、B 和 Mo 是植物必需的微量营养元素，它对植物的生长发育起着至关重要的作用，同时也是植物体内酶或辅酶的组成部分，具有很强的专一性。可溶性盐与矿物质营养元素之间的竞争和相互作用可能导致营养失衡和营养缺乏。有研究发现 NaCl 胁迫下小麦和玉米体内的 Mn、Fe、Zn、Cu 含量明显下降（El‐Fouly et al.，2011）。但本研究发现高浓度的盐碱胁迫均增加叶中 Fe 的含量，原因可能是棉花要维持生长需要合成叶绿素提高光合作用来应对高盐碱胁迫。Zn 参与生长素的合成，缺 Zn 会导致作物生长发育停滞。在胁迫环境下，植物要维持生长，可能会促进对 Zn 的吸收，本研究发现盐碱胁迫均显著增加叶中 Zn 的含量，盐胁迫和高碱胁迫也显著增加根中 Zn 的含量。Mn 在叶绿素合成中起催化作用，与植物的光合作用和呼吸作用密切相关。本研究发现棉花叶中 Mn 的含量在盐胁迫和高碱胁迫下显著增加，但是 Karimi 等（2005）研究显示由于 Na 的过度积累会减少 Mn 吸收。Cu 在植物体内构成铜蛋白并参与光合作用，并能增加叶绿体的稳定性，本研究发现盐碱胁迫均降低根中 Cu 的含量，高盐胁迫增加叶中 Cu 的含量，但是碱胁迫对叶中 Cu 的含量影响不大。B 促进碳水化合物的运输和代谢，Mo 参与体内的光合作用和呼吸作用。盐碱胁迫也会影响棉花对 B 和 Mo 的吸收，本研究发现盐碱胁迫均降低根中 B 和 Mo 的含量。盐胁迫增加叶中 B 的含量，叶中 Mo 的含量在高浓度的 Na_2SO_4 胁迫下显著增加；碱胁迫对叶中 B、Mo 的含量影响不大。Si 是有益元素，盐碱胁迫也显著影响棉花对 Si 的吸收。Xu 等（2015）通过盐胁迫下 Si 对芦荟植株生长、品质和离子稳态的影响研究发现，Si 明显减轻了 NaCl 对芦荟植株的毒害作用。Li 等（2015）通过盐胁迫下 Si 对番茄幼苗生长的影响研究表明，Si 显著减轻盐胁迫对番茄生长、光合性能和可溶性蛋白含量的不利影响。

三种盐胁迫均增加棉花根、茎、叶中 Na 的含量。NaCl 胁迫降低棉花根中 K、Cu、B 和 Mo 的含量及叶中 Mg 和 S 的含量；Na_2SO_4 胁迫降低根中 K、Ca、Cu、B 和 Mo 的含量及叶中 Ca 的含量；Na_2CO_3＋$NaHCO_3$（碱）胁迫降低根 K、Ca、S、Cu、B、Fe 和 Mo 的含量及叶中 Ca、Mg、S 和 Mo 的含量；Na_2SO_4（由于 SO_4^{2-} 的大量存在）和 Na_2CO_3＋$NaHCO_3$ 胁迫均会导致棉花整株 Ca 元素的缺乏，但是 NaCl 胁迫下棉花 Ca 元素的含量在低浓度胁迫时增加，高浓度胁迫时降低。与中性盐胁迫相比，碱胁迫更多地抑制和降低棉花对元素的吸收及转运，而盐胁迫只降低各组织中少量元素的含量，更多地影响元素的分布、转运及平衡。无论在中性盐胁迫还是碱性盐胁迫下，棉花都会尽量维持叶片中离子的平衡来抵御胁迫。K、Cu 和 B 三种元素在盐碱胁迫下均向叶片中转运，这也许是棉花抵御盐碱胁迫的策略之一。在 NaCl 胁迫中，与叶片生物量以及抗氧化酶活性相关的元素有 Mg、K 和 Ca，Na_2SO_4 胁迫下为 Ca、K、Zn 和 B，Na_2CO_3＋$NaHCO_3$ 胁迫下是 Ca、Mg、S、Mo、K、P、Si 和 Zn。因此，在增加叶片中这些元素的含量可以促进棉花缓解响应的盐害。

主要参考文献

Azarmi F，Mozafari V，Dahaji P A，et al.，2016. Biochemical，physiological and antioxidant enzymatic activity responses of pistachio seedings treated with plant growth promoting rhizobacteria and Zn to salinity stress [J]. Acta physiologiae plantarum，38（1）：21.

Azevedo N，Tabosa J N，2000. Nutritional efficiency for NPK on corn seedlings under salt stress [J]. Ecossistema，25（2），194-198.

Cheeseman J M，1988. Mechanisms of salinity tolerance in plants [J]. Plant Physiology，87：547-550.

El-Fouly M M，Mobarak Z M，Salama Z A，2011. Micronutrients（Fe，Mn，Zn）foliar spray for increasing salinity tolerance in wheat Triticum aestivum L [J]. African Journal of Plant Science，5（5），314-322.

Ibrahim W，Qiu C W，Zhang C，et al.，2019. Comparative physiological analysis in the tolerance to salinity and drought individual and combination in two cotton genotypes with contrasting salt tolerance [J]. Physiologia Plantarum，165（2）：155-168.

Iqbal M N，Rasheed R，Ashraf M Y，et al.，2018. Exogenously applied zinc and copper mitigate salinity effect in maize（Zea mays L.）by improving key physiological and biochemical attributes [J]. Environmental Science and Pollution Research，24：1 - 14.

Jafri A Z，Ahmad R A F I Q，1994. Plant growth and ionic distribution in cotton （*Gossypium hirsutum* L.） under saline environment [J]. Pakistan Journal of Botany，26：105.

Karimi G，Ghorbanli M，Heidari H，et al. ，2005. The effects of NaCl on growth，water relations，osmolytes and ion content in Kochia prostrata [J]. Biologia Plantarum，49 （2）：301 - 304.

Li W，Yamaguchi S，Khan M A，et al. ，2015. Roles of gibberellins and abscisic acid in regulating germination of suaeda salsa dimorphic seeds under salt stress [J]. Front Plant Sci，6：1235.

Munns R，2010. Approaches to identifying genes for salinity tolerance and the importance of timescale [J]. Plant Stress Tolerance：25 - 38.

Sairam R K，Rao K V，Srivastava G C，2002. Differential response of wheat genotypes to long term salinity stress in relation to oxidative stress，antioxidant activity and osmolyte concentration [J]. Plant Science，163 （5）：1037 - 1046.

Sanchez D H，Pieckenstain F L，Escaray F，et al. ，2011. Comparative ionomics and metabolomics in extremophile and glycophytic Lotus species under salt stress challenge the metabolic preadaptation hypothesis [J]. Plant，Cell & Environment，34 （4）：605 - 617.

Storey R，Walker R R，1999. Citrus and salinity [J]. Horticultural Science，78：39 - 81.

Tattini M R，Gucci M A，Coradesch M A，et al. ，1995. Growth，gas exchange and ion content in Olea europaea plants during salinity stress and subsequent relief [J]. Physiologia Plantarum，95 （2）：203 - 210.

Wang S，Zheng W，Ren J，et al. ，2002. Selectivity of various types of salt - resistant plants for K^+ over Na^+ [J]. Journal of Arid Environments，52 （4）：457 - 472.

Wu D，Shen Q，Cai S，et al. ，2013. Ionomic responses and correlations between elements and metabolites under salt stress in wild and cultivated barley [J]. Plant and Cell Physiology，54 （12）：1976 - 1988.

Xu C X，Ma Y P，Liu Y L，2015. Effects of silicon （Si） on growth，quality and ionic homeostasis of aloe under salt stress [J]. South African Journal of Botany，98：26 - 36.

Zhang J L，Flowers T J，Wang S M. ，2013. Differentiation of low - affinity Na^+ uptake pathways and kinetics of the effects of K^+ on Na^+ uptake in the halophyte Suaeda maritima [J]. Plant and soil，368 （1 - 2）：629 - 640.

Zhu J K，2003. Regulation of ion homeostasis under salt stress [J]. Current opinion in plant biology，6 （5）：441 - 445.

第四章 ····
不同盐碱胁迫下棉花维持离子稳态的分子机制

　　盐胁迫打破了植物原有的渗透压和离子稳态，植物需要重建稳态以适应新环境。内稳态的重建主要包括两个部分，即渗透平衡和离子平衡。目前已知的棉花在盐胁迫下的调控途径有促分裂原活化的蛋白激酶（mitogen-activated protein kinase，MAPK）级联反应的信号转导途径，钙依赖型蛋白激酶（calcium-dependent protein kinase，CDPK）级联反应参与信号转导的调控途径，以及盐过敏感（salt overly sensitive，SOS）信号调控途径（Zhang et al.，2011）。其中，SOS 信号转导途径是调节植物耐盐性的关键通路，陈莎莎等（2011）通过在拟南芥中克隆 Na^+/H^+ 反向转运体SOS1，验证其在 SOS 调控通路中对于维持离子平衡的重要作用。植物叶片离子组除了受环境影响外，同时也受到自身基因型的调控。植物实现耐盐性主要通过 3 种方式：①高亲和性 K^+ 吸收转运蛋白基因 HKT 和低亲和性 K^+ 吸收转运蛋白基因 AKT 参与限制 Na^+ 的吸收（胡静等，2017）；②质膜 Na^+/H^+ 逆向转运蛋白基因 $SOS1$ 参与调控 Na^+ 的外排（吕慧颖等，2003），同时也参与调节 K^+ 稳态及 Ca^{2+} 的转运（马清等，2011）；③液泡膜 Na^+/H^+ 逆向转运蛋白基因 $NHX1$ 和液泡膜 H^+-焦磷酸酶基因 $AVP1$ 调控 Na^+ 区隔化到液泡中（Yuan et al.，2015）；这些基因的表达以及蛋白活性对于在盐胁迫中维持植物离子平衡有重要作用。目前，国内外对这方面的研究大都针对一些模式植物，而对大田作物研究甚少。为了应对盐环境，棉花存在一个复杂的网络来调控其对矿质营养的选择性吸收、转运及再分配（Wang et al.，2015）。然而，目前对于各类矿质元素的转运调控途径了解还不全面。

　　植物的盐胁迫响应过程是一个多基因参与和多因素调控的复杂生物学过程。棉花幼苗处于高盐环境时，根中的受体（受体蛋白激酶，RLKs）可识别盐信号并引发钙（Ca^{2+}）、ROS 和植物激素（包括生长素、细胞分裂素、赤霉素、脱落酸、乙烯、油菜素甾醇、茉莉酸、水杨酸）的瞬时增加。这些第二信使的下游是细胞内磷酸化，例如钙依赖型蛋白激酶和丝裂原活化蛋白激酶级联。这些蛋白激酶影响下游转录因子，例如 ERF、bHLH、MYB、WRKY、C2H2、bZIP、NAC、HD-ZIP、GRAS 和 HSF，其在转录水平上调节靶基因的表达。然后，差异表达的基因引起生理反应，使植物能够适应环境中的盐。这些反应涉及离子稳态和转运蛋白、解毒剂、热休克蛋白、脱水和碳水化合物代谢。其中与离子稳态相关的基因有 $NHX1$、$PIP1$、$PIP2$、$PIP3$、TIP、$SIP1B$、$VDAC1$、$TPK1$、$HAK5$、$PHT1$、$NRT1$、H^+-$ATPase$、ABC $transporter$ 等。

　　全基因组水平研究植物的抗逆基因将为理解植物胁迫机制提供更广阔的视角，棉花基因组测序的完成为组学水平上全方位研究棉花生长发育和抗逆机制提供了基础。转录组测序技术（RNA-seq）采用 NGS 技术对 RNA 样品进行测序，应用于多种植物的研究（Ray et al.，2014）。转录组测序技术是揭示植物在某种状态下全部 RNA 的表达状态的一种技术，通过转录组测序可以从整体水平上了解响应某种刺激或者某种生长时期的转录状态，也可以特异性地识别某种类型或者某条通路的基因，如转录因子、氧化还原通路、激素信号途径等（Wang et al.，2009）。目前，有很多关于植物在逆境胁迫条件下的转录组研究，如水稻的盐胁迫研究（Zhou et al.，2016）、杨树的盐胁迫研究（Janz et al.，2010）等。关于棉花抗盐方面转录组研究也有很多，如通过两种不同抗性对照材料棉花品种揭示棉花的盐胁迫响应机制（Peng et al.，2014）。Guo 等（2015）研究了盐胁迫条件下陆地棉根转录组的变化，发现有 123 个转录因子基因受盐胁迫诱导表达。棉花是相对耐盐碱作物之一，但是从目前研究来看，棉花遭受盐碱胁迫时生长仍然会收到抑制，高浓度的盐碱仍然是制约棉花产量的主要因子。

本研究采用土柱培养试验，对两个耐盐性差异较大的棉花品种 L24（耐盐基因型）及 X45（盐敏感基因型）进行不同盐碱胁迫处理，研究棉花 Na$^+$ 转运调控相关基因 SOS1、NHX1、AKT1、HKT 的表达，揭示不同耐盐基因型棉花 Na$^+$ 转运的调控机制，并采用转录组分析方法挖掘离子转运相关的基因，对阐释盐（碱）胁迫下棉花维持离子稳态的机制具有科学意义，同时为棉花耐盐品种选育提供参考。

第一节　Na$^+$ 转运调控基因表达分析

本章的试验和处理同第三章，采用土柱培养试验。棉花生长期间定期观测棉花生长发育进程和农艺性状，初花期试验结束（培养 100d 后，棉花生育期以非盐渍化处理为准）。在棉花苗期采集棉花植株样品，在试验结束后采集土壤和棉花植株样品。测定棉花根和叶中 Na$^+$ 转运调控基因 SOS1、NHX1、HKT、AKT1 的表达量。同时选取棉花叶片进行转录组测序和荧光定量聚合酶链式反应（real-time quantitative polymerase chain reaction，qRT-PCR）验证。

棉花叶片和根系 RNA 提取及基因表达分析：采用比较 Ct 法对棉花进行相对定量分析（Livak et al.，2001）。使用 Takara 试剂盒（型号 9767）提取 RNA，以 Takara 的逆转录试剂盒（型号 D6110A）取得 cDNA，以 GAPDH 作为内参基因，根据棉花各基因的非保守区设计特异性引物，进行 qRT-PCR 扩增。

转录组以及 qPCR 的测定：基因数字表达谱分析与北京百迈客生物科技有限公司合作完成。转录组测序实验流程包括样品检测、文库构建及其质量控制和上机测序，实验流程如图 4-1 所示。采用 NCBI Primer designing tool（https：//www.ncbi.nlm.nih.gov/tools/primer-blast/）设计 Real-time PCR 引物（引物序列见表 4-1）。

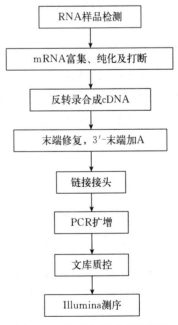

图 4-1　转录组测序实验流程

表4-1　目的基因荧光定量分析所用引物信息

引物名称	正向引物序列（5'-3'）	反向引物序列（3'-5'）
SOS1	AGTGTCAGCCAATAAACAACC	TCTTTCGTGTCCATCTTCTTC
NHX1	GGTTCTTGCTGCCTCATC	GGTTCACTCCTTTCTGTTGG
GhAKT1	TCACCTAAGCCGTTGCGTTC	AGCAAAAACGGTAACGCAAA
GhHKT	ATCTTTCCACCATCTCCTCA	AGTCCAAAATGCTCTTCCC
A01G0095	CCAAAAGGTTGTAAGGGATG	CATTCATAGACGAGGTTGAAGA
A01G1843	GGTGAGTTCCAAGCCAAG	GCCCAAGCAATACCAAGA
A05G2379	CCTCGGAAGGTTTACAAGCGA	TACTGCTCTTACGCCTCGGTC
A08G0581	CATTCCAACATCATTGACCAC	CTCCTTACTGAAACCCCACTT
A09G2192	GAATCTCCTGTTGTTCCTCAA	CTTTCTCCCCTTTCACCAC
A10G0441	TCCTGCCTTTCATCGTATCCT	CCGACTGATAACAAACCGCT
A12G2607	AAGTCAGGTTCTACAACAGCCAG	CCTTCAAGTGTTGAAATATCAAAT
D01G0422	TGCGTTTATCAGGTCTTTCA	CTTTACTCACGGCATCGTC
D03G0256	TAACCACCTCAACGCTACAA	AGTAATCCCAGCAGAACGAC
D06G2007	TTGGATTACTGGTCTTCGTTC	CCATCGTATCTCGGCTCA
D06G2287	GGAACCCCAAGATACTGCT	TCCCACTCTCAACAACCTG
D12G1057	CTGGGGTTGCCTTCTATG	CTCCTCCTCATTCATCTCTTG
A11G1147	CTTCTTTTGGGGATTTCGT	GGCTACCATTTCTTTGTTCC

一、*GhSOS1* 基因表达

与 Na$^+$ 转运相关的基因 *GhSOS1* 在叶片和根中的相对表达量（RQ）如图4-2所示。*GhSOS1* 基因主要调控 Na$^+$ 的外排。在 NaCl 和 Na$_2$SO$_4$ 胁迫下，棉花叶片 *GhSOS1* 基因相对表达量表现为随 NaCl 和 Na$_2$SO$_4$ 胁迫程度升高而增加。在 Na$_2$CO$_3$＋NaHCO$_3$ 胁迫下，棉花叶片 *GhSOS1* 基因的相对表达量表现为随 Na$_2$CO$_3$＋NaHCO$_3$ 胁迫程度的升高呈现先增加后降低的趋势。总体上，在 NaCl 和 Na$_2$SO$_4$ 胁迫下棉花叶片 *GhSOS1* 基因相对表达量高于

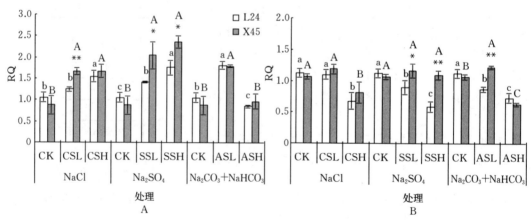

图4-2　不同盐碱胁迫下棉花 *GhSOS1* 基因相对表达量

注：A 和 B 表示棉花的叶片和根中 *GhSOS1* 基因相对表达量。

$Na_2CO_3+NaHCO_3$ 胁迫，且 X45 叶片 GhSOS1 基因相对表达量高于 L24。

总体上，在 CK 处理下，L24 和 X45 根中 GhSOS1 基因的相对表达量无显著差异。低浓度 NaCl 胁迫对 L24 和 X45 根中 GhSOS1 基因的相对表达量无显著影响，但是高浓度 NaCl 胁迫显著降低 L24 和 X45 根中 GhSOS1 基因的相对表达量。L24 根中 GhSOS1 基因的相对表达量随 Na_2SO_4 和 $Na_2CO_3+NaHCO_3$ 胁迫程度的增加而显著降低，但是 X45 在 Na_2SO_4 胁迫下无明显变化；低浓度 $Na_2CO_3+NaHCO_3$ 胁迫显著增加 X45 根中 GhSOS1 基因的相对表达量，而高浓度 $Na_2CO_3+NaHCO_3$ 胁迫显著降低 X45 根中 GhSOS1 基因的相对表达量。

二、GhNHX1 基因表达

GhNHX1 基因主要参与液泡中 Na^+ 区隔化。与 Na^+ 区隔化相关的基因 GhNHX1 在棉花叶片和根中的相对表达量如图 4-3 所示。在 CK 处理下，L24 和 X45 叶片的 GhNHX1 基因相对表达量无显著差异。随盐碱胁迫程度的增加，棉花叶片 GhNHX1 基因相对表达量总体呈现先增加后降低的趋势，且 NaCl 和 Na_2SO_4 胁迫下棉花叶片 GhNHX1 基因相对表达量高于 $Na_2CO_3+NaHCO_3$ 胁迫。从品种上来看，L24 叶片 GhNHX1 基因相对表达量高于 X45，尤其在低浓度 NaCl、Na_2SO_4 和 $Na_2CO_3+NaHCO_3$ 胁迫下，L24 叶片 GhNHX1 基因相对表达量显著高于 X45。

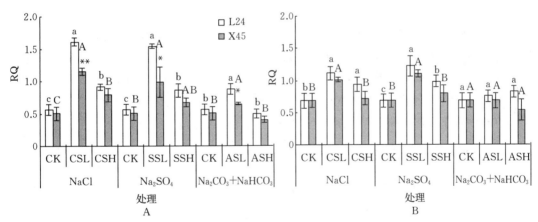

图 4-3　不同盐碱胁迫下棉花 GhNHX1 基因相对表达量

注：A 和 B 表示棉花的叶片和根中 GhNHX1 基因相对表达量。

总体上，在 CK 处理下，L24 和 X45 根中 GhNHX1 基因的相对表达量无显著差异。随盐碱胁迫程度的增加，棉花根中 GhNHX1 基因相对表达量在 NaCl 和 Na_2SO_4 胁迫下总体呈现先增加后降低的趋势，但是在 $Na_2CO_3+NaHCO_3$ 胁迫下无显著变化。从棉花品种上看，L24 根中 GhNHX1 基因相对表达量高于 X45，但差异不显著。

三、GhHKT 基因表达

GhHKT 与 GhAKT1 主要调控 Na^+ 的吸收和转运，Na^+ 只能依靠这类转运蛋白进入细胞，此外，GhHKT 还介导 Na^+ 向地上部的运输。GhHKT 是高亲和性 K^+ 吸收转运蛋白基因，GhAKT1 是低亲和性 K^+ 吸收转运蛋白基因。GhHKT 在棉花叶片和根中的相对表达量如图 4-4 所示。在 CK 处理下，L24 叶片的 *GhHKT* 基因相对表达量与 X45 无显著差异。X45 叶片 *GhHKT* 基因的相对表达量随 NaCl、Na_2SO_4 胁迫程度的增加呈现升高的趋势。且在盐碱胁迫下 X45 叶片 *GhHKT* 基因的相对表达量高于 L24，尤其在高浓度 NaCl、Na_2SO_4 和 Na_2CO_3＋$NaHCO_3$ 胁迫下，X45 叶片 *GhHKT* 基因相对表达量显著高于 L24。NaCl 和 Na_2SO_4 胁迫下棉花叶片 *GhHKT* 基因相对表达量高于 Na_2CO_3＋$NaHCO_3$ 胁迫。

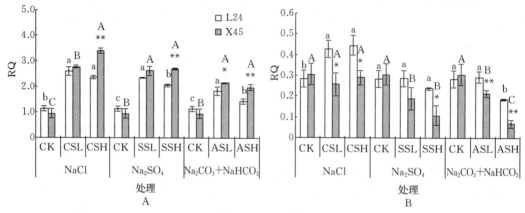

图 4-4　不同盐碱胁迫下棉花 *GhHKT* 基因相对表达量

注：A 和 B 表示棉花的叶片和根中 *GhHKT* 基因相对表达量。

在盐碱胁迫下，L24 根中的 *GhHKT* 基因相对表达量显著高于 X45（除了 SSL 处理）。在 NaCl 胁迫下，L24 根中的 *GhHKT* 基因相对表达量显著高于 CK，但是 X45 根中 *GhHKT* 基因相对表达量无明显变化。在 Na_2SO_4 胁迫下，L24 根中 *GhHKT* 基因相对表达量无明显变化，但是 X45 根中 *GhHKT* 基因相对表达量显著低于 CK。在 Na_2CO_3＋$NaHCO_3$ 胁迫下，L24 和 X45 根中 *GhHKT* 基因相对表达量呈降低趋势。

四、*GhAKT1* 基因表达

GhAKT1 在棉花叶片和根中的相对表达量如图 4-5 所示。在 CK 处理下，L24 叶片的

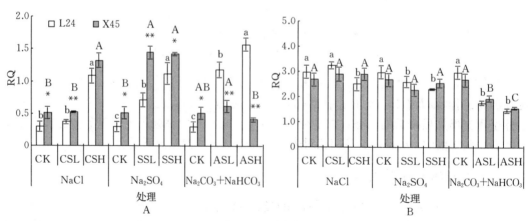

图 4-5　不同盐碱胁迫下棉花 *GhAKT1* 基因相对表达量

注：A 和 B 表示棉花的叶片和根中 *GhAKT1* 基因相对表达量。

GhAKT1 基因的相对表达量显著低于 X45。L24 叶片 *GhAKT1* 基因的相对表达量在 NaCl、Na₂SO₄ 和 Na₂CO₃＋NaHCO₃ 胁迫下呈现上升趋势，而 X45 叶片 *GhAKT1* 基因的相对表达量仅在 NaCl 和 Na₂SO₄ 胁迫下呈现上升趋势，在 Na₂CO₃＋NaHCO₃ 胁迫变化不大。从品种上看，在 NaCl 和 Na₂SO₄ 胁迫下，X45 叶片的 *GhAKT1* 基因的相对表达量高于 L24，但在 Na₂CO₃＋NaHCO₃ 胁迫下呈相反趋势。

在不同盐碱胁迫下，L24 和 X45 根中 *GhAKT1* 基因的相对表达量无显著差异，Na₂SO₄ 胁迫显著降低 L24 根中 *GhAKT1* 基因的相对表达量，而仅高 NaCl 胁迫会显著降低 L24 根中 *GhAKT1* 基因的相对表达量。在 Na₂CO₃＋NaHCO₃ 胁迫下，L24 和 X45 根中 *GhAKT1* 基因相对表达量呈降低趋势。

第二节　转录组测序质量评估

为了解不同品种对中性盐胁迫和碱性盐胁迫的转录组响应，对耐盐碱品种 L24 及盐碱敏感品种 X45 的中度盐胁迫（CS）处理、中度碱胁迫（AS）处理及空白对照（CK）即 6 个处理进行了建库和配对终端测序（Illumina 测序）。各样品平均获得 6.02 Gb 的纯净数据，≥Q30 碱基百分比在 85.00％以上（表 4－2）。这些处理过的高质量配对末端读数将用于进一步分析。Clean Data GC 含量，即 Clean Data 中 G 和 C 两种碱基占总碱基的百分比在 44.5％左右。GC 分别将各样品的 Clean Reads 与指定的参考基因组进行序列比对，比对效率从 76.19％到 83.11％不等。

表 4－2　六个文库纯净序列数据统计

处理	品种	Clean Reads	GC Content（％）	≥Q30（％）	Mapped Reads（％）	Uniq Mapped Reads（％）	Multiple Map Reads（％）
CK	X45	23 836 720	44.80	85.05	76.58	61.83	14.75
	L24	23 277 378	44.45	90.00	83.11	68.51	14.59
CS	X45	21 316 718	44.10	86.05	79.41	66.52	12.90
	L24	27 465 223	44.54	89.86	82.56	66.98	15.58
AS	X45	26 356 361	44.08	85.16	76.63	65.33	11.31
	L24	21 784 939	44.43	85.06	76.19	63.23	12.96

注：Clean reads 指 Clean Data 中 pair－end Reads 总数；GC content 指 Clean Data GC 含量，即 Clean Data 中 G 和 C 两种碱基占总碱基的百分比；≥Q30 指 Clean Data 质量值大于或等于 30 的碱基所占的百分比；Mapped Reads 指比对到参考基因组上的 Reads 数目及在 Clean Reads 中占的百分比；Uniq Mapped Reads 指比对到参考基因组唯一位置的 Reads 数目及在 Clean Reads 中占的百分比；Multiple Map Reads 指比对到参考基因组多处位置的 Reads 数目及在 Clean Reads 中占的百分比。

第三节　差异表达基因的筛选

两个品种与自身的对照相比，中度盐胁迫下 X45 和 L24 分别共有 807 个（303 个上

调/504 个下调）和 382 个（197 个上调/185 个下调）基因差异表达；碱度盐胁迫下 X45
与 L24 分别共有 773 个（229 个上调/544 个下调）和 194 个（99 个上调/95 个下调）基因
差异表达（表 4-3）。无论盐胁迫还是碱胁迫下，敏感品种 X45 差异表达的基因都显著多
于耐盐品种 L24；在盐敏感品种中，下调表达的差异基因数目要显著多于上调表达的差异
基因数目，但是耐盐品种中上调表达的差异基因数目略高于下调表达。

表 4-3　不同盐碱胁迫下差异表达基因的个数（$\log_2 FC \geq 2$ 且 $FDR < 0.01$）

DEG 设置		DEG 数量	上调（up）	下调（down）
CS	X45	807	303	504
	L24	382	197	185
AS	X45	773	229	544
	L24	194	99	95

注：FC 为 CS 或 AS 处理代谢物含量与 CK 处理代谢物含量的比值；FDR 为错误发现率。

　　无论盐胁迫还是碱胁迫下，两个品种的响应完全不同，说明 X45 和 L24 有不同的响
应机制，盐胁迫诱导 X45 差异表达 796 个基因，诱导 L24 差异表达 371 个基因，两个品
种共同差异表达的基因只有 11 个且只有 1 个共同上调表达基因和 3 个共同下调表达基因
（图 4-6A）。碱胁迫分别诱导 X45 和 L24 差异表达 766 个和 187 个基因，而两个品种共同
差异表达的基因只有 7 个，没有共同上调和共同下调表达的基因（图 4-6B）。

　　在 X45 中，盐胁迫诱导差异表达基因 391 个，碱胁迫诱导差异表达基因 357 个，盐碱共
同诱导的差异表达基因有 416 个（图 4-6C）。在 L24 中，盐胁迫诱导差异表达基因 270 个，
碱胁迫诱导差异表达基因 82 个，盐碱共同诱导差异表达的基因有 112 个（图 4-6D）。

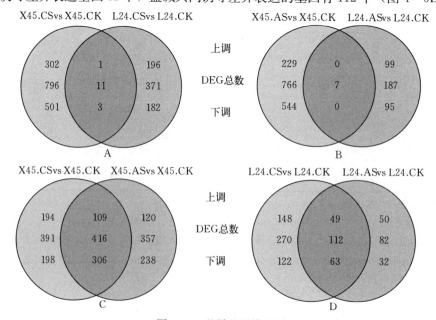

图 4-6　差异基因维恩图

A. NaCl 胁迫处理下两品种的差异表达基因数　B. $Na_2CO_3 + NaHCO_3$ 胁迫处理下两品种的差异表达基因数
C. X45 在不同盐碱胁迫处理下的差异表达基因数　D. L24 在不同盐碱胁迫处理下的差异表达基因数

第四节　棉花响应盐碱胁迫的差异表达基因 Go 富集分析

基因的 Go 富集分析：分别对 NaCl/Na$_2$CO$_3$＋NaHCO$_3$ 胁迫下，两个品种 X45/L24 与自身 CK 比较产生的差异表达基因作四个 Go 富集分析。所有的差异表达基因在 Go 富集中被分为三大类，即生物学过程、分子功能以及细胞组分，三大类下又分为不同的亚类。盐胁迫下，X45 中差异表达基因的功能主要集中在多生物过程（multi － organism process）、信号（signaling）、免疫系统过程（immune system process）、生长（growth）、细胞杀伤（cell killing）、胞外区（extracellular region）、胞外区部分（extracellular region part）（图 4 － 7）；而 L24 中差异表达基因的功能主要集中在解毒（detoxification）、有节奏的过程（rhythmic process）、运动（locomotion）、膜部分（membrane part）、类核（nucleoid）、转运蛋白活性（transporter activity）、电子载体活性（electron carrier activity）（图 4 － 8）。碱胁迫下、X45 中差异表达基因的功能主要集中在生长（growth）、免疫系统过程（immune systerm process）、生物黏附（biological adhesion）、细胞杀伤（cell killing）、表现（behavior）、胞外区（extracellular region）、胞外区部分（extracellular region part）、营养库活性（nutrient reservoir activity）（图 4 － 9）；而 L24 中差异表达基因的功能主要集中在解毒（detoxification）、运动（locomotion）、类核（nucleoid）、转运蛋白活性（transporter activity）、电子载体活动（electron carrier activity）、分子功能调节（molecular function regulator）（图 4 － 10）。

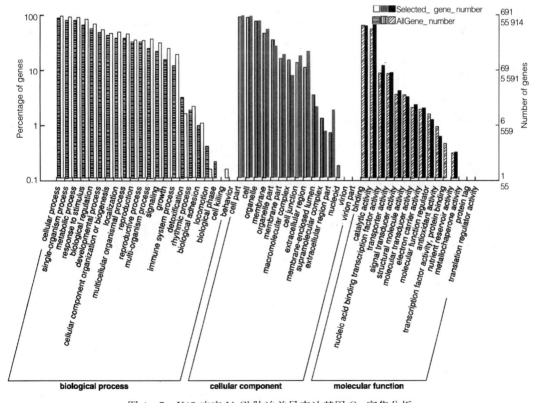

图 4 － 7　X45 响应 NaCl 胁迫差异表达基因 Go 富集分析

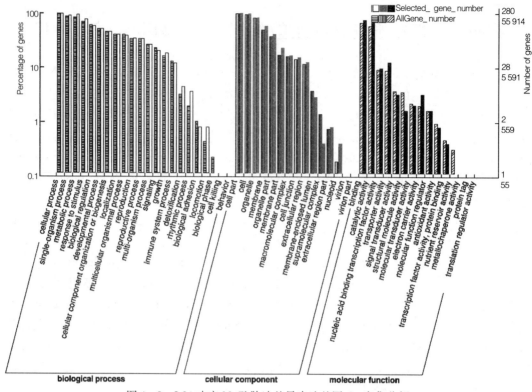

图 4 - 8　L24 响应 NaCl 胁迫差异表达基因 Go 富集分析

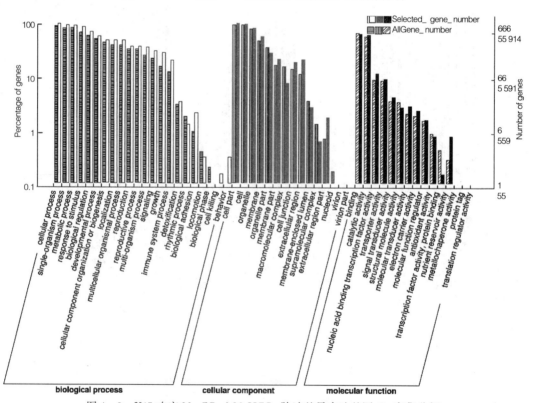

图 4 - 9　X45 响应 Na$_2$CO$_3$＋NaHCO$_3$ 胁迫差异表达基因 Go 富集分析

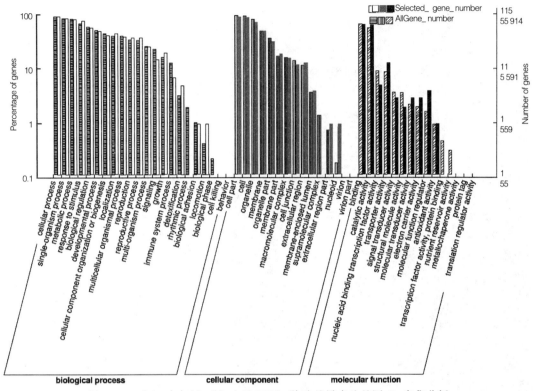

图 4-10　L24 响应 $Na_2CO_3 + NaHCO_3$ 胁迫差异表达基因 Go 富集分析

这些说明两个品种对盐碱胁迫的响应完全不同，考虑到我们所关注的离子组，发现在 L24 中盐碱胁迫的响应都有转运蛋白活性（transporter activity）这一项，（而 X45 中这一项的功能对盐胁迫无响应，对碱胁迫有一些）。在 X45 中，对盐碱胁迫共同响应的基因功能主要富集在免疫系统过程（immune system process）、生长（growth）、细胞杀伤（cell killing）、胞外区（extracellular region）及胞外区部分（extracellular region part），碱胁迫中比盐胁迫又多了一个很明显的响应即营养库活性（nutrient reservoir activity）。L24 中，对盐碱胁迫共同响应的基因功能主要富集在解毒（detoxification）、运动（locomotion）、类核（nucleoid）、转运蛋白活性（transporter activity）、电子载体活动（electron carrier activity）。其中，转运蛋白活性（transporter activity）是盐碱胁迫中 L24 与 X45 的主要区别。

第五节　盐碱胁迫下棉花叶片离子转运与
平衡相关的基因表达

根据 Go 富集的结果，发现两个棉花品种在盐碱胁迫中共同存在的差异基因的功能主要集中在转运蛋白活性。另外结合离子组学，我们将重点关注具有离子转运与平衡功能的相关差异基因上（离子转运与平衡，转运相关的 ATP 酶，液泡功能，以及元素相关即 Na、K、Ca、Mg、P、S、Zn、Mn、Fe、Cu、B、Mo 和 Si）（图 4-11、图 4-12）。

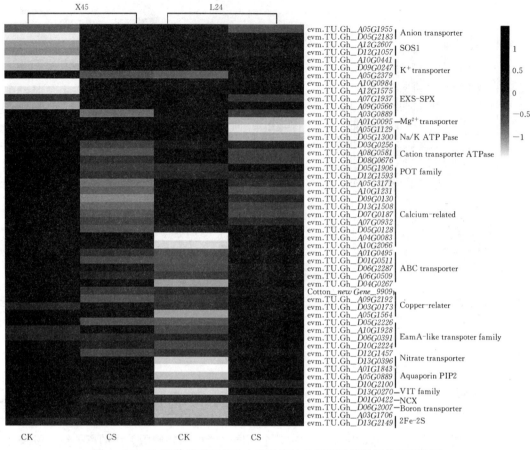

图 4-11　NaCl 胁迫下两品种中差异表达且与离子转运相关基因热图

无论在盐胁迫还是碱胁迫中，大部分与离子转运相关的基因，在 X45 中均为下调表达，包括 ABC 转运蛋白（ABC transporter）基因（*A01G0495*、*D01G0511*、*D06G2287*、*A06G0509*、*D04G0267* 等），EamA-like 转运蛋白家族（EamA-like transpoter family）基因（*D05G2226*、*A10G1928*、*D06G0391*、*D10G2224* 等），以及 POT 家族（POT family，与维持细胞内物质平衡有关的寡肽转运子家族）基因（*D05G1906*、*D12G1593* 等）等，而这些基因在 L24 中均为上调表达，并且盐胁迫的上调幅度要大于碱胁迫。这说明 L24 比 X45 的离子转运能力更强，碱胁迫比盐胁迫更能影响离子的运输功能（图 4-11、图 4-12）。

NaCl 胁迫下两品种棉花差异表达且与离子转运相关基因见图 4-11。硼转运相关基因（*D06G2007*）以及一部分与信号转导相关的基因（*A04G0083*、*A10G2066*）在两个品种中共同上调表达，但在 L24 中的上调程度大于 X45（图 4-7）。阳离子转运相关的基因（*D03G0256*、*A08G0581*、*D05G676*）在两个品种中共同下调表达，但是在 X45 中下调表达的程度大于 L24。在 X45 中上调表达但在 L24 中下调表达的基因有阴离子转运基因（*A05G1955*、*D05G2183*），SOS1（Na$^+$/H$^+$ 交换家族，sodium/hydrogen exchanger family，这个基因主要调控质膜上 K$^+$ 和 Na$^+$ 的外排）基因（*A12G2607*、*D12G1057*），SPX-

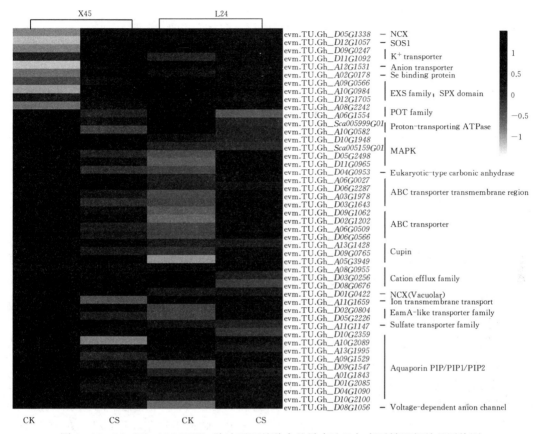

图 4 - 12 Na_2CO_3 ＋$NaHCO_3$ 胁迫下两品种中差异表达且与离子转运相关基因热图

EXS（磷酸盐转运蛋白）基因（*A12G1575*、*A07G1937*、*A09G0566*），以及 Mg^{2+} 转运蛋白（*A01G0095*）；在 L24 中上调表达但在 X45 中下调表达的基因有铜转运相关（copper-relater）基因（*newGene 9909*、*A09G2192*、*D03G0173*、*A05G1564*），硝酸盐转运相关（*D12G1457*、*D13G0396*），水通道蛋白 PIP2（Aquaporin PIP2）基因（*A01G1843*、*A05G0889*、*D10G2100*），NCX（*D01G0422*），ABC 转运蛋白基因（*A01FG0495*、*D01G0511*、*D06G2287*、*A06G0509*、*D04G0267*），以及 EamA - like 转运蛋白基因（*D05G2226*、*A10G1928*、*D06G0391*、*D10G2224*）等。PIP2（phosphatidylinositol - 4，5 - bisphosphate）在信号转导以及膜蛋白功能调节等方面起着非常重要的作用，很多研究表明，PIP2 与 K^+ ATP、Na^+/Ca^{2+} 交换蛋白、内向整流 K^+ 通道、M 型 K^+ 通道以及 VGCC（Ca^{2+} 通道）等许多离子通道均有关系。

　　Na_2CO_3 ＋$NaHCO_3$ 胁迫下两品种棉花差异表达且与离子转运相关基因见图 4 - 12。硒结合蛋白基因（*A02G0178*）及 SPX - EXS（磷酸盐转运相关）的基因（*A09G0566*、*A10G0984*、*D12G1705*）在两个品种中共同上调表达，阳离子外排家族基因（Cation efflux）（*A08G0955*、*D03G0256*、*D08G0676*）以及质子转运 ATP 合成酶活性基因（*Sca005999G01*、*A10G0582*）在两个品种中共同下调表达；在 X45 中上调表达但在 L24 中下调表达的基因有质膜 NCX 基因（*D05G1338*）、SOS1 基因（*D12G1057*）；在 L24 中上调表达但在 X45 中下调表达的基因有液泡膜上的 NCX 基因（*D01G0422*）、POT 家族基因（*A08G2242*、*A06G1554*），MAPK 基因（*D10G1948*、*Sca005159G01*、*D05G2498*、*D11G0965*），ABC 转运蛋白（ABC transporter）基因（*D09G1062*、*D02G1202*、*A06G0509*、*D06G0566*），Cupin 基因（*A13G1428*、*D09G0765*、*A05G3949*），离子跨膜运输（Ion transmembrane transporter）基因（*A11G1659*），EamA – like 转运蛋白（EamA – like transporter family）基因（*D02G0804*、*D05G2226*），电压依赖性阴离子通道（voltage – dependent anion channel）基因（*D08G1056*），以及真核型碳酸酐酶（eukaryotic – type carbonic anhydrase）基因（*D04G0953*）。这说明 L24 比 X45 的液泡功能发达，X45 主要是靠外排，L24 主要是靠液泡膜区隔化。

第六节　差异表达基因的 qRT – PCR 分析

为了进一步验证测序筛选出的差异表达基因的可靠性，根据转录表达分析的结果，我们选择了盐碱胁迫处理下共 18 个差异表达基因进行了 qRT – PCR 分析（图 4 – 13）。并将 qRT – PCR 的结果和转录组结果做了比较，试验中所用的引物见表 4 – 1。结果如图 4 – 13 所示，qRT – PCR 结果与 Illumina 测序结果趋势较为一致，两者相关系数达到 $R^2 = 0.8019$，表明转录组测序结果可靠。

棉花离子稳态变化中，Na^+ 是盐碱胁迫下影响棉花耐盐（碱）机制的关键离子，从 Na^+ 入手研究其分子机理对进一步认识离子稳态的变化有重要意义。*SOS1*、*NHX*、*HKT* 和 *AKT* 这些基因是前人已筛选出的与 Na^+ 转运相关的基因，相关研究表明：*GhSOS1* 基因相对表达量的提高可以促进 Na^+ 外排，减少 Na^+ 在细胞中的积累（Aleman et al.，2010）。本研究发现中性盐（NaCl 和 Na_2SO_4）胁迫下棉花叶片 *GhSOS1* 基因相对表达量表现为逐渐增加趋势，但是碱胁迫下 *GhSOS1* 基因相对表达量表现为先增后降，这可能是导致棉花体内离子变化的差异的原因之一。*GhNHX1* 基因功能为将 Na^+ 在液泡中进行区隔化，降低过多 Na^+ 对细胞质毒害，调节棉花体内离子稳态。有研究发现随着 NaCl 胁迫浓度的增加，苦荞麦根、茎、叶中 *FtNHX1* 基因的表达量均显著增加（刘雪华等，2017）。但是本研究发现随盐碱胁迫程度的增加，*GhNHX1* 基因相对表达量呈现先增加后降低的趋势，原因可能是在低盐碱胁迫下，*GhNHX1* 基因上调有助于棉花将过多 Na^+ 进行区隔化，调节棉花体内离子稳态；*GhNHX1* 基因相对表达量在高盐碱胁迫下降低的原因可能是盐碱胁迫程度达到棉花生长临界浓度破坏了棉花自身耐盐机制导致 *GhNHX1* 表达量下降。从棉花品种上看，不同盐碱胁迫下，L24 叶片 *GhSOS1* 基因相对表达量低于 X45，但是 L24 叶片 *GhNHX1* 基因相对表达量高于 X45，说明 L24 叶片的 Na^+ 区隔化能力比 X45 强，X45 叶片的 Na^+ 外排能力比 L24 强。

在盐胁迫下植物维持体内 Na^+/K^+ 稳态是抵御胁迫的主要方式之一，*HKT* 和 *AKT1* 基因主要参与 Na^+ 吸收和维持 K^+ 平衡（胡静等，2017）。在本研究中，盐碱胁迫下棉花叶片 *GhHKT* 基因相对表达量均显著增加，这表明盐碱胁迫会促进棉花体内 K^+ 转运吸收。从棉花品种来看，在盐碱胁迫下耐盐型品种棉花 L24 叶片 *GhHKT* 基因相对表达量低于 X45，但是在根中棉花 L24 *GhHKT* 基因相对表达量总体上高于 X45。这说明 L24 偏爱在根中积累 K^+，X45 则是在叶片中积累更多的 K^+，这与离子组结果中 K 元素的含量

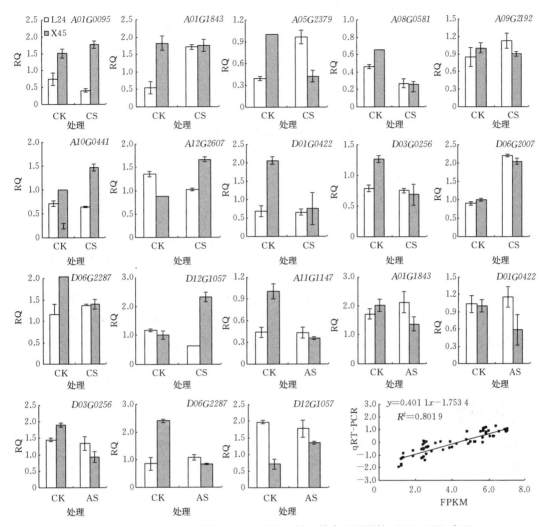

图 4-13 棉花叶片盐碱胁迫 18 个随机选择差异表达基因的 qRT-PCR 验证

注：误差线为标准差（$n=3$）以及 18 个 DEGs 的 FPKM 和 qRT-PCR 基因差异倍数的对数值的相关分析。

结果相吻合。在本研究中，总体上盐胁迫下棉花叶片 GhAKT1 基因相对表达量均会随胁迫程度的升高而增加，在碱胁迫下耐盐型棉花 L24 叶片 GhAKT1 基因相对表达量也显著升高，这表明盐碱胁迫会促进棉花体内 K^+ 转运吸收，但是在碱胁迫下盐敏感品种 X45 的 GhAKT1 基因相对表达量变化不大。在根中，碱胁迫显著降低 GhAKT1 基因相对表达量，这也与离子组中碱胁迫下棉花根中 K 元素的含量结果相吻合。

植物的盐胁迫响应过程是一个多基因参与和多因素调控的复杂生物学过程。盐胁迫下，棉花幼苗处于高盐环境时，根中的受体可识别盐信号并引发 Ca^{2+}，ROS 和植物激素的瞬时增加。这些蛋白激酶会影响下游转录因子在转录水平上调节靶基因的表达。本研究发现无论在盐胁迫还是碱胁迫中，大部分与离子转运相关的基因，在 X45 中均为下调表达，如 ABC 转运蛋白相关基因等，而这些基因在 L24 中均为上调表达，并且盐胁迫的上调幅度要大于碱胁迫。这说明 L24 比 X45 的离子转运能力更强，碱胁迫比盐胁迫更能影响离子的运输功能。

盐胁迫会抑制植物对营养物质的吸收转录组分析发现，钾转运蛋白基因（X45 中的 *A10G0441*、*D09G0247*，L24 中的 *A05G2379*）在盐胁迫下显著上调。通过研究发现 NaCl 胁迫显著增加了根中 P 的含量，并且与 CK 处理相比，叶片中 P 的含量也有一定程度增加。例如，L24 叶片中 P 的含量在盐胁迫下增加，转录组分析也表明磷酸盐转运蛋白基因（*A05G3112*）在 L24 叶片中显著上调。在植物叶片中保持一定含量的 Ca 对于棉花的耐盐性非常重要。Ca 和 Na 具有一定的拮抗作用，过量的 Na 摄入导致棉花中 Ca 的相对缺乏（Zhang et al.，2014）。研究发现盐胁迫显著降低了植物的 Ca 含量。我们的研究也表明，高 NaCl 胁迫降低了叶片中 Ca 的含量，此外，NaCl 胁迫降低了叶片中 Mg 和 S 的含量。转录组学分析表明，在 L24 和 X45 中，Ca 转运相关基因（*D03G0256*、*D07G0187*）在品种 X45 和 L24 中显著下调，Mg 转运蛋白基因（*A01G0095*）和硫酸钠转运体跨膜基因（*A06G1962*）显著下调。本研究发现，NaCl 胁迫显著降低了根系中 Cu、B、Mo 的含量，增加了根系中 Zn、Mn、Fe 和 Si 的含量以及叶片中 Zn、Mn 和 B 的含量。在高盐胁迫下，L24 叶片中 Zn、Mn、Fe、B、Mo 和 Si 的含量增加。转录组学分析显示阳离子转运 ATP 酶基因（*A08G0581*、*D08G0676*）、硼转运蛋白基因（*D08G1343*、*D06G2007*）在高盐胁迫下在 L24 中上调。由于耐盐性是一种相对指标，因此，不一致性可能与不同棉种、基因型、生长阶段或评估方法的使用有关。转录组分析表明，不同基因型的棉花通过上调和下调基因表达形成新的离子稳态来适应盐胁迫。因此，我们的研究结果可能有助于了解不同基因型棉花盐胁迫响应的分子机制。

主要参考文献

陈莎莎，兰海燕，2011. 植物对盐胁迫响应的信号转导途径 [J]. 植物生理学报，47（2）：119 - 128.

胡静，胡小柯，蔚秋实，等，2017. 植物内整流 K$^+$ 通道 *AKT1* 的研究进展 [J]. 草业科学，34（4）：813 - 822.

刘雪华，宋珊楠，张玉喜，等，2017. 苦荞麦 *FtNHX1* 基因的克隆及表达分析 [J]. 华北农学报，32（04）：49 - 54.

吕慧颖，李银心，孔凡江，等，2003. 植物 Na$^+$/H$^+$ 逆向转运蛋白研究进展 [J]. 植物学通报，20（3）：363 - 369.

马清，包爱科，伍国强，等，2011. 质膜 Na$^+$/H$^+$ 逆向转运蛋白与植物耐盐性 [J]. 植物学报，46（2）：206 - 215.

Aleman F，2010. The Arabidopsis thaliana HAK5 K$^+$ transporter is required for plant growth and K$^+$ acquisition from low K$^+$ solutions under saline conditions [J]. Molecular Plant，3（2）：326 - 333.

Guo J，Shi G，Guo X，et al.，2015. Transcriptome analysis reveals that distinct metabolic pathways operate in salt - tolerant and salt - sensitive upland cotton varieties subjected to salinity stress [J]. Plant Science，238：33 - 45.

Janz D，Behnke K，Schnitzler J P，et al.，2010. Pathway analysis of the transcriptome and metabolome of salt sensitive and tolerant poplar species reveals evolutionary adaption of stress tolerance mechanisms [J]. BMC Plant Biology，10（1）：150.

Livak K J，Schmittgen T D，2001. Analysis of relative gene expression data using real time quantitative PCR and the 2$^{-\Delta\Delta CT}$ method [J]. Methods，25（4）：402 - 408.

Peng Z，He S，Gong W，et al.，2014. Comprehensive analysis of differentially expressed genes and transcriptional regulation induced by salt stress in two contrasting cotton genotypes [J]. BMC genomics, 15 (1): 760.

Ray S, Satya P, 2014. Next generation sequencing technologies for next generation plant breeding [J]. Front Plant Science, 5: 367.

Wang J, Qi M, Liu J, Zhang Y, 2015. CARMO: a comprehensive annotation platform for functional exploration of rice multi-omics data [J]. The Plant Journal, 83 (2), 359-374.

Wang Z, Gerstein M, Snyder M, 2009. RNA-Seq: a revolutionary tool for transcriptomics [J]. Nature reviews genetics, 10 (1): 57.

Yuan H J, Ma Q, Wu G Q, et al., 2015. ZxNHX controls Na^+ and K^+ homeostasis at the whole-plant level in Zygophy llum xanthoxylum through feedback regulation of the expression of genes involved in their transport [J]. Annals of Botany, 115 (3): 495-507.

Zhang L, Ma H, Chen T, et al., 2014. Morphological and physiological responses of cotton (*Gossypium hirsutum* L.) plants to salinity [J]. PLoS ONE, 9 (11): e112807.

Zhang X, Zhen J, Li Z, et al., 2011. Expression profile of early responsive genes under salt stress in upland cotton (*Gossypium hirsutum* L.) [J]. Plant Molecular Biology Reporter, 29 (3): 626-637.

Zhou Y, Yang P, Cui F, et al., 2016. Transcriptome analysis of salt stress responsiveness in the seedlings of Dongxiang wild rice (*Oryza rufipogon* Griff.) [J]. PLoS One, 11 (1): e0146242.

第五章 ••••

复合盐碱与单一盐碱胁迫对棉花
生长影响的差异性比较

生长状况和外部形态是反映棉花受盐碱伤害最直观的表现，这些表现为发育减慢，叶面积变小黄化，严重时会使作物死亡。前人的研究结果表明将生长良好的作物转移至盐胁迫环境中很快就会发现植物发育速率延缓，植株生物量明显下降，并且发现在相同浓度下盐胁迫对作物生长的影响小于碱胁迫（Yang et al.，2009）。并且由于作物根系是最直接感受胁迫的器官，其生长发育状况会产生明显变化。颜宏等（2003）试验研究证明在碱胁迫下，随着 pH 升高生长率明显降低；将 pH 调低后生长抑制明显得到减缓，表明碱与盐胁迫关键差异主要在于 pH。Li 等（2009）通过营养液对作物在盐碱胁迫下研究发现碱性盐可以使钙镁离子的游离程度和活度降低，且程度大于盐胁迫。朱延凯等（2018）研究盐胁迫对滴灌棉花的影响发现，苗期棉花受胁迫最严重。曹东慧（2012）以虎尾草和棉花为材料对其在盐胁迫和碱胁迫下生长进行研究，结果表明盐胁迫和碱胁迫对作物生长影响各有不同，且碱胁迫影响更严重。杨春武等（2008）也得出相同结论。众多学者的深入研究发现碱和盐胁迫对植物的影响是不同的，作物对这两种非生物胁迫的响应机制也表现不同。

棉花是通过渗透胁迫和膜脂调节来抵御盐胁迫。棉花在逆境条件下，会积累可溶性物质抵御胁迫，同时吸收无机离子来保持组织内水势，并积累在液泡内或分散到其他细胞来降低水势，也就是离子区隔化。但当离子积累过量就会造成毒害，活性氧清除系统失衡，破坏膜结构。此时，棉花会通过合成有机物来进行质膜调节抵御胁迫危害（Mansour et al.，2004）。研究表明耐性强的棉花品种叶片中的脯氨酸含量高于不耐盐品种。甜菜碱也是公认在作物抵御盐碱胁迫时重要的渗透保护剂，与胁迫程度呈正相关关系。胡兴旺等（2015）也通过对作物生理耐盐性进行分析阐释其变化规律。在不同胁迫下棉花耐盐机制方面国内外学者进行研究，如张国伟等（2011）对 NaCl 胁迫下棉花的生理机制进行研究；王汐妍等（2017）研究 NaCl 胁迫下不同耐盐性棉花 Na^+ 积累等其他生理指标，分析探讨棉花的耐盐机制。作物 Na^+ 调控机制有三种表现形式：限制 Na^+ 的吸收（根、茎、叶含量不同）；将 Na^+ 外排出体外（根际土壤 Na^+ 增加）；将 Na^+ 区隔化在液泡中（液泡含水量增加）。棉花种源不同其基因型也不同，对 Na^+ 转运机制存在许多争议，由于棉花是新疆主要种植的农作物，所以认识和理解棉花的抗盐方式是调控棉花耐盐性的关键。

植物对盐碱胁迫的形态响应主要是通过地上、地下生物量的分配体现的。同时，前人关于其他作物的研究指出盐碱复合加剧危害程度，具有协同作用（Shi et al.，2005）。而明确不同耐盐（碱）性棉花品种的生理表现和生理适应机制是阐明棉花耐盐（碱）的基础。本研究采用 8 个棉花品种，从生长和生理状况对不同棉花品种耐盐碱性进行比较。

第一节　复合盐碱与单一盐碱胁迫对棉花生长的影响

本研究采用盆栽试验，于 2017—2018 年在石河子大学农学院试验站温室进行。供试土壤来源于石河子大学农学院试验站农田，取土深度为 0～30 cm。土壤类型为灌耕灰漠土，质地为壤土，有机质 14.9 g/kg，碱解氮 41.2 mg/kg，有效磷 10.6 mg/kg，速效钾 248 mg/kg。

不同棉花品种耐盐性比较试验：试验选取 8 个棉花品种，分别为鲁棉研 24（L24）、鲁棉研 28（L28）、新陆早 45（X45）、新陆早 61（X61）、中棉所 73（Z73）、中棉所 92（Z92）、华棉 3109（H3109）、赣棉 1 号（G1）。

根据新疆盐碱土类型和主要盐离子组成，设置包括 3 种盐碱胁迫类型（盐胁迫、碱胁迫、复合盐碱胁迫）在内的 7 个土壤盐碱处理，分别为对照（CK）、低盐胁迫（S1）、高盐胁迫（S2）、低碱胁迫（A1）、高碱胁迫（A2）、低盐碱胁迫（SA1）、高盐碱胁迫（SA2）。试验中盐胁迫、碱胁迫和复合盐碱胁迫处理采用向供试土壤中分别添加中性盐（$NaCl + Na_2SO_4$）、碱性盐（$Na_2CO_3 + NaHCO_3$）、中性盐＋碱性盐（$NaCl + Na_2SO_4 + Na_2CO_3 + NaHCO_3$）。不同盐碱处理土壤盐碱度见表 5-1。试验 56 个处理，每个处理重复 4 次，共 224 盆。

表 5-1　不同盐碱处理土壤盐碱度

指标	盐碱度						
	CK	S1	S2	A1	A2	SA1	SA2
饱和电导率（ECe，mS/cm）	2.3	6.65	10.01	3.25	3.95	6.65	10.01
pH（H_2O）	7.9	8.05	8.11	8.7	9.5	8.7	9.5

不同盐碱胁迫下，除 L24 的 A1 处理与 CK 处理总生物量差异不显著以外，其余棉花品种总生物量均显著降低（表 5-2）。碱胁迫下，L24 在低碱处理（A1）地上部生物量显著增加，高碱处理（A2）却有降低趋势；L28 和 X45 品种地上部生物量显著降低；除 Z73 品种地上部生物量差异不显著以外，其余品种地上部生物量均随碱胁迫程度增加显著降低。复合盐碱胁迫下，L24 和 Z73 品种的 SA1 和 SA2 处理以及 Z92 品种的 SA1 处理的地上部生物量差异不显著，其他品种地上部生物量均随胁迫强度增加显著降低。

表 5-2　盐碱胁迫下棉花生物量

部位	处理	生物量（g/株）							
		L24	L28	X45	X61	Z73	Z92	G1	H3109
地上部生物量	CK	1.87b	2.76a	3.30a	2.58a	1.80a	1.66a	1.49a	1.41a
	S1	1.81b	1.53c	2.01bc	1.85b	1.69a	1.54b	1.06c	1.18c
	S2	1.50d	0.62e	1.64c	1.13e	1.49b	1.23d	0.94d	0.98d
	A1	2.04a	2.05b	2.15b	1.94b	1.74a	1.52b	1.16b	1.22b

（续）

部位	处理	生物量（g/株）							
		L24	L28	X45	X61	Z73	Z92	G1	H3109
地上部生物量	A2	1.75bc	2.09b	1.98bc	1.56c	1.56b	1.42c	1.04c	1.02d
	SA1	1.70c	1.79bc	1.97bc	1.28d	0.94c	1.60ab	0.86e	0.76e
	SA2	1.64cd	1.10d	0.55d	1.51c	0.93c	1.15d	0.60f	0.48f
根系生物量	CK	0.63a	0.49c	0.60a	0.61a	0.57a	0.51a	0.42a	0.36a
	S1	0.53b	0.78a	0.56a	0.44cd	0.42b	0.43c	0.38b	0.32b
	S2	0.56ab	0.17g	0.38c	0.40d	0.31c	0.45bc	0.33c	0.28d
	A1	0.43c	0.66b	0.50b	0.51b	0.42b	0.48ab	0.34c	0.32bc
	A2	0.50bc	0.29d	0.46b	0.51b	0.42b	0.38d	0.30d	0.27d
	SA1	0.56ab	0.21e	0.35c	0.46c	0.21d	0.43bc	0.27e	0.30c
	SA2	0.20d	0.18f	0.10d	0.24e	0.08e	0.18e	0.22f	0.19e
总生物量	CK	2.50a	3.25a	3.90a	3.19a	2.37a	2.17a	1.99a	1.77a
	S1	2.34bc	2.31c	2.58c	2.30b	2.11bc	1.96b	1.44c	1.50b
	S2	2.07d	0.79f	2.03c	1.53f	1.80d	1.68c	1.28c	1.26c
	A1	2.43ab	2.71b	2.65b	2.45b	2.15b	2.00b	1.51b	1.54b
	A2	2.24c	2.39c	2.44b	2.07d	1.98c	1.73c	1.33c	1.29c
	SA1	2.00d	2.00d	2.32bc	1.73e	1.15e	2.03b	1.13d	1.06e
	SA2	1.83e	1.28e	0.65d	1.75e	1.01e	1.33d	0.82e	0.67e

注：同一列不同小写字母表示不同盐碱处理间差异达显著水平（$P<0.05$）。下同。

盐胁迫下，L28 根系生物量在 S1 处理显著增加，S2 处理显著降低；L24、X61 和 Z92 根系生物量均有降低趋势，但 S1 和 S2 处理无显著差异；X45 根系生物量 S1 处理没有显著差异，S2 处理显著降低；Z73、G1 和 H3109 根系生物量均随盐度增加而显著降低。碱胁迫下，L24、X45、X61 和 Z73 根系生物量显著降低，但 A1 和 A2 处理间无显著差异；L28 在 A1 处理显著增加，A2 处理显著降低；Z92、G1 和 H3109 根系生物量随胁迫程度增加而逐渐降低。复合盐碱胁迫下，除 L24 的 SA1 处理与 CK 处理根系生物量无显著差异，其余各品种根系生物量均随胁迫程度的增加显著降低。

第二节 复合盐碱与单一盐碱胁迫对棉花生理指标的影响

一、盐碱胁迫对棉花叶片质膜相对透性的影响

不同盐碱胁迫下，棉花叶片质膜相对透性均显著增加，总体表现为复合盐碱胁迫＞盐胁迫＞碱胁迫（图 5-1）。盐胁迫（S）下，H3109、G1 棉花叶片质膜相对透性较大，X45 和 X61 较小（图 5-1A）。低碱胁迫（A1）下，不同棉花品种质膜相对透性无显著性差异；高碱胁迫（A2）下，H3109、G1 质膜相对透性最大，其次是 X61（图 5-1B）。复合盐碱胁迫（SA）下，G1 和 H3109 的质膜相对透性较大，其次是 L28、X61，Z73 和 Z92 较小（图 5-1C）。

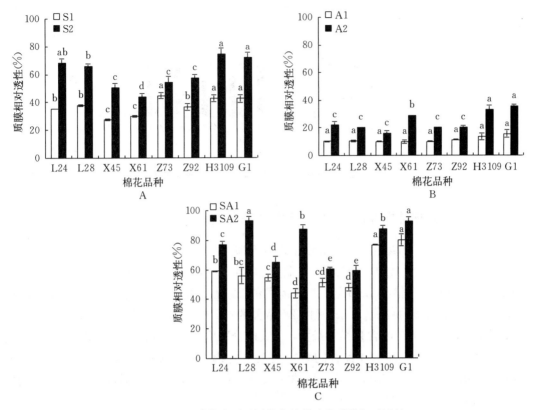

图 5-1　盐碱胁迫下不同棉花品种叶片质膜相对透性

注：不同小写字母表示品种间差异达到显著性水平（$P<0.05$）。下同。

二、盐碱胁迫对棉花叶绿素含量的影响

盐胁迫下，L24、L28、Z92 和 H3109 叶绿素含量在 S1 处理与 CK 无显著差异，但 S2 处理显著降低；X45、Z73、G1 和 X61 品种叶绿素含量在 S1 与 S2 处理均显著下降（图 5-2A）。碱胁迫下，L28、X61 和 G1 叶绿素含量显著降低，其他品种叶绿素含量变化较小（图 5-2B）。复合盐碱胁迫下，X61 叶绿素含量无显著变化，L28、X45 和 Z92 叶绿素含量均有增加趋势，其他品种均表现为低促高抑（图 5-2C）。

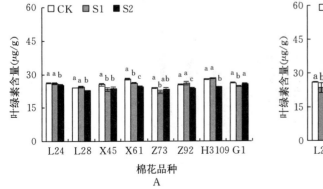

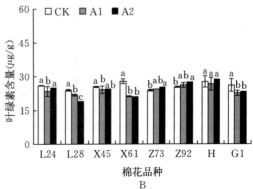

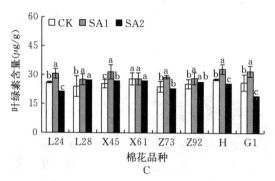

图 5 - 2　盐碱胁迫下不同棉花品种叶绿素含量

三、盐碱胁迫对棉花叶片丙二醛含量的影响

三种盐碱胁迫下棉花叶片丙二醛含量逐渐增加，尤其是复合盐碱胁迫下丙二醛含量增加最明显（图 5 - 3）。其中，盐胁迫下，Z73 和 X45 品种的 S2 处理丙二醛含量增幅较大，较 CK 分别增加 2.17 倍和 1.26 倍；L24 品种的 S2 处理丙二醛含量最小，仅较 CK 增加 45％（图 5 - 3A）。碱胁迫下，L24 和 L28 品种的 A2 处理丙二醛含量变化较小；Z92 和 Z73 品种的 A2 处理丙二醛含量增幅最大，较 CK 分别增加 1.14 倍和 2.06 倍（图 5 - 3B）。复合盐碱胁迫下，X45 和 X61 品种的 SA2 处理叶片丙二醛含量的增幅最大，较 CK 分别增加 2.75 倍和 2.38 倍；L28 和 Z92 品种的 SA2 处理丙二醛含量增幅较小，较 CK 分别增加 1.32 倍和 1.03 倍（图 5 - 3C）。

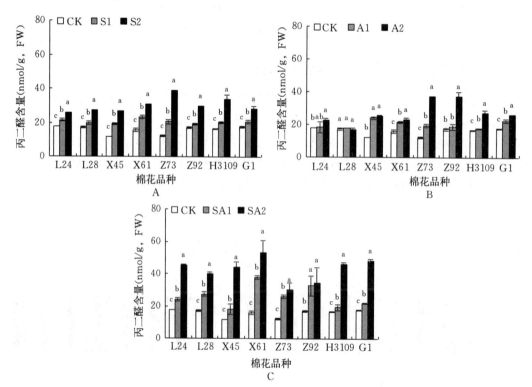

图 5 - 3　盐碱胁迫下不同棉花品种叶片丙二醛含量

四、盐碱胁迫对棉花叶片脯氨酸含量的影响

不同盐碱胁迫下，棉花叶片脯氨酸含量逐渐增加。其中，L24、L28、X61、Z73、Z92 和 H3109 叶片脯氨酸含量表现为复合盐碱胁迫＞盐胁迫＞碱胁迫；而 G1 和 X45 叶片脯氨酸含量在三种盐碱胁迫下差异不大（图 5-4）。

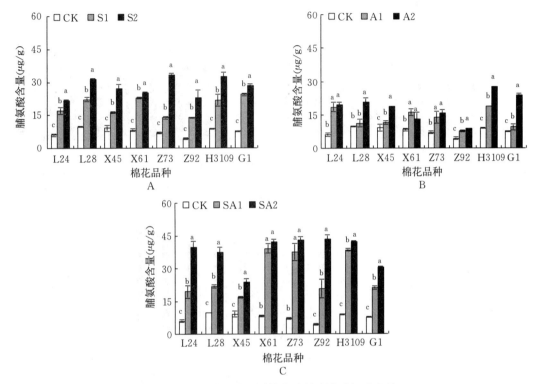

图 5-4 盐碱胁迫不同棉花品种叶片脯氨酸含量

盐胁迫下，Z92、Z73 叶片脯氨酸含量增幅最大，较 CK 分别增加 4.3 倍、3.7 倍；其次为 L24、H3109 和 G1；X45、X61 和 L28 增幅最小，较 CK 分别增加 1.9 倍、2.0 倍和 2.2 倍（图 5-4A）。

碱胁迫下，L24、G1 和 H3109 叶片脯氨酸含量的增幅最大，分别较 CK 增加 2.2 倍、2.1 倍和 2.1 倍；其次为 X61 品种；L28、X45、Z73 和 Z92 平均增幅较小，较 CK 增加 1.0～1.2 倍（图 5-4B）。

复合盐碱胁迫下，L24、Z73 和 Z92 叶片脯氨酸含量增幅较大，分别较 CK 增加 5.6 倍、5.1 倍和 9.0 倍；其次为 X61、H3109、L28；X45、G1 的增幅最小（图 5-4C）。

五、盐碱胁迫对棉花叶片甜菜碱含量的影响

在三种胁迫下，棉花叶片甜菜碱含量均显著升高（图 5-5）。随土壤盐胁迫程度的增加，L24、H3109 和 X61 叶片甜菜碱含量显著增加，较 CK 分别增加 1.3 倍、1.2 倍和 1.0 倍；X45 叶片甜菜碱含量 S1 和 S2 处理无显著差异；其他品种叶片甜菜碱含量均表现为先增后降趋势。碱胁迫下，不同棉花品种叶片甜菜碱含量的变化趋势与盐胁迫相似，

L24、X61 和 G1 叶片甜菜碱含量随胁迫程度显著增加，较 CK 分别增加 100％、90％和 30％；其余品种叶片甜菜碱含量均为先增后降。复合盐碱胁迫下，不同棉花品种甜菜碱含量均随胁迫程度升高而显著增加。其中，Z73 甜菜碱含量增幅最大，较 CK 增加 2.8 倍；G1 增幅最小，仅较 CK 增加了 50％。

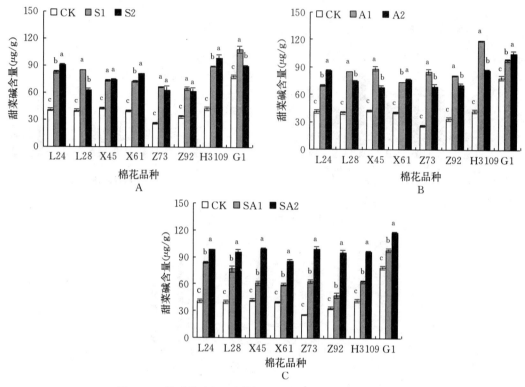

图 5-5　盐碱胁迫下不同棉花品种叶片甜菜碱含量的变化

外部形态和生长状况是反映植物受盐碱伤害最直观的表现，董元杰等（2017）研究发现受盐胁迫后随胁迫程度的增加棉花苗期干重显著下降。通过对棉花生长情况进行比较，发现 L24 在三种胁迫中生长抑制率均为最低，G1 受影响最为严重。本研究结果也表明，在不同胁迫类型中随着胁迫程度的增加各品种棉花总生物量呈下降趋势，其中低碱胁迫对 L24 地上部和 L28 地下部有促进作用，低盐胁迫对 L28 地下部也有促进作用。王宁等（2015）和刘光栋等（2000）研究发现盐胁迫对棉花地上部生长的抑制显著高于地下部。但在本试验中结果显示：三种胁迫对不同品种棉花地上部和根系抑制程度存在差异，如低盐胁迫中 L24、Z73、Z92 和 G1 品种均表现为根系抑制率显著大于地上部，高碱胁迫中 L24、L28、Z73 和 Z92 品种根系抑制率显著大于地上部，而在盐碱复合胁迫下 L24、L28、X45、Z73 和 Z92 棉花生长抑制率均表现为根系抑制程度显著大于地上部。因此，本研究发现盐胁迫对棉花抑制生长部位与品种有关，也可以从侧面表明盐、碱和盐碱复合胁迫对棉花影响机制不同。同时，前人关于其他作物的研究中指出盐碱复合加剧危害程度，具有协同作用（Shi et al.，2005），本研究中却发现棉花在盐碱复合胁迫中并未都体现出协同作用，L28 和 X61 品种棉花在盐胁迫中生长所受影响甚至大于盐碱复合胁迫，分析可能与棉花耐盐机制有关。

前人研究已表明棉花受不同类型胁迫时生理响应并不一致（Yang et al.，2008），但不同耐受性品种对不同盐碱胁迫的响应是否一致尚未明晰。本研究对不同耐受性棉花品种初步分析其生理响应的差异。叶绿素含量对植物光合作用起关键作用。Bavei 等（2011）研究发现叶绿素含量随盐浓度增加而降低，但也有研究表明在低盐胁迫处理中叶绿素含量显著增加，而在高盐胁迫处理中含量显著下降。在本研究中，胁迫类型不同棉花叶绿素的变化差异显著。高盐胁迫会降低叶绿素含量（除了 Z73、G1），X61 和 H3109 下降最多；碱胁迫对 L28、X61 和 G1 叶绿素含量均有显著抑制作用，Z73 和 Z92 均表现为促进作用；复合盐碱胁迫下，低胁迫程度会增加各品种棉花叶绿素含量，但当胁迫程度加剧又呈下降趋势，且 G1、L24 和 H3109 下降后叶绿素含量显著低于 CK。

质膜相对透性是观测质膜损伤最直观的指标（林兴生等，2014），本研究中通过对不同品种质膜相对透性比较，结果表明：三种胁迫均会使各品种质膜透性受到损害并随胁迫程度而加剧；并发现在三种胁迫中 G1 品种质膜相对透性增幅均最高，可能因此导致 G1 生长抑制率较高。丙二醛是能够反映质膜脂质过氧化作用强度的重要衡量标志（韩建秋，2010），本试验发现三种胁迫均明显增加了丙二醛含量，说明三种胁迫类型均会导致质膜过氧化作用加剧，且高浓度胁迫会进一步增加质膜脂质过氧化的伤害（张永峰等，2009）。并且本研究表明：盐胁迫中 L24 和 L28 丙二醛含量增幅均较小，Z73 和 X45 增幅较大。L24 在三种胁迫中生长抑制率均为最低，说明受盐胁迫后 L24 可能通过激活酶保护系统减少质膜过氧化作用发生。

植物受盐胁迫后是在细胞质中主要积累以小分子有机溶质如脯氨酸来维持渗透势的平衡（许祥明等，2000）。前人研究表明，脯氨酸含量的变化与耐盐性密切相关（刘建新，2016）。本研究也表明在受盐胁迫后，棉花叶片脯氨酸含量较对照均显著升高，并随胁迫程度加剧显著增加。且在本研究中发现 G1 和 X45 在盐胁迫和复合盐碱胁迫下脯氨酸含量差异不大，但其他耐盐性较高的品种脯氨酸含量在复合盐碱胁迫中均显著高于盐胁迫。三种生长抑制率较低的品种 L24、Z73 和 Z92 叶片脯氨酸含量增幅均较大，因此，推测 G1 和 X45 脯氨酸含量增幅已达到最高，无法产生更多来维持渗透平衡，导致耐盐性较差、生长抑制率较高。

甜菜碱也已被通过外源添加等方式证明可以显著提高盐碱胁迫下植物抗逆性（张天鹏等，2017）。本研究结果表明：受胁迫后叶片甜菜碱含量均显著增高，但在盐胁迫中除L24、X61 和 H3109 甜菜碱含量随胁迫程度加剧而显著升高外，其余品种均呈先增加后降低趋势；在碱胁迫中也表现为仅 L24、X61 和 G1 甜菜碱含量随胁迫程度加剧而显著升高，其余品种在高碱处理中含量均显著降低；而在复合盐碱胁迫中各品种叶片甜菜碱含量变化趋势为随胁迫程度增加而显著增加。而且研究发现在三种胁迫中叶片甜菜碱含量增幅最低的均为生长抑制率较高的 G1 品种，猜测这可能是导致 G1 耐盐性差的另一原因。综上可表明不同胁迫类型对棉花的生理影响并不相同，且不同品种棉花的耐盐机理也存在差异，有待于进一步研究。

复合盐碱胁迫对棉花生长的抑制作用大于盐胁迫或碱胁迫。盐胁迫下棉花品种 G1 和L28 的生长抑制率最大，其次是 H3109、X45、X61 和 Z73，L24 和 Z92 的生长抑制率较小。碱胁迫下，G1 的生长抑制率最大，其次为 H3109、X45、X61、L28 和 Z92，L24 和

Z73 生长抑制率最小。复合盐碱胁迫下，G1、H3109 和 X45 的生长抑制率最小，其次为 L28、Z73 和 X61，L24 和 Z92 的生长抑制率最小。

综合不同盐碱胁迫下 8 个品种棉花生物量与生理指标的变化，鲁棉研 24（L24）受盐碱胁迫的抑制作用最弱，为耐盐品种；赣棉 1 号（G1）受盐碱抑制作用最强，为盐敏感品种。

主要参考文献

曹东慧，2012. 抗碱盐生植物虎尾草和甜土植物棉花应对各种盐碱胁迫时 DNA 甲基化调节的研究 [D]. 长春：东北师范大学.

董元杰，陈为峰，王文超，等，2017. 不同 NaCl 浓度微咸水灌溉对棉花幼苗生理特性的影响 [J]. 土壤，49（6）：1140 - 1145.

韩建秋，2010. 水分胁迫对白三叶叶片脂质过氧化作用及保护酶活性的影响 [J]. 安徽农业科学，38（23）：12325 - 12327.

胡兴旺，金杭霞，朱丹华，2015. 植物抗旱耐盐机理的研究进展 [J]. 中国农学通报，31（24）：137 - 142.

林兴生，林占熺，林辉，等，2014. 五种菌草苗期对碱胁迫的生理响应及抗碱性评价 [J]. 植物生理学报，49（2）：167 - 174.

刘光栋，董晓霞，林杉，2000. 植物地上部和地下部对盐胁迫的反应 [J]. 植物营养与肥料学报，6（zl）：23 - 29.

刘建新，王金成，刘秀丽，2016. 盐碱混合胁迫对裸燕麦幼苗叶片脯氨酸和多胺代谢的影响 [J]. 生态学杂志，35（11）：2974 - 2982.

王宁，杨杰，黄群，等，2015. 盐胁迫下棉花 K^+ 和 Na^+ 离子转运的耐盐性生理机制 [J]. 棉花学报，27（3）：208 - 215.

王汐妍，裴波音，刘玉姣，等，2017. 盐胁迫对不同耐盐性棉花幼苗生长与生理及无机离子器官分布的影响 [J]. 浙江大学学报（农业与生命科学版），43（3）：273 - 280.

许祥明，叶和春，李国凤，2000. 脯氨酸代谢与植物抗渗透胁迫的研究进展 [J]. 植物学通报，17（6）：536 - 542.

颜宏，石德成，尹尚军，2000. 外施 Ca^{2+}、ABA 及 H_3PO_4 对盐碱胁迫的缓解效应 [J]. 应用生态学报，11（6）：889 - 892.

颜宏，尹尚军，石德成，2003. 碱胁迫下星星草的主要胁变反应 [J]. 草业学报（4）：51 - 57.

杨春武，李长有，张美丽，等，2008. 盐、碱胁迫下小冰麦体内的 pH 及离子平衡 [J]. 应用生态学报，19（5）：1000 - 1005.

张国伟，路海玲，张雷，等，2011. 棉花萌发期和苗期耐盐性评价及耐盐指标筛选 [J]. 应用生态学报，22（8）：2045 - 2053.

张天鹏，杨兴洪，2017. 甜菜碱提高植物抗逆性及促进生长发育研究进展 [J]. 植物生理学报，53（11）：1955 - 1962.

张永峰，殷薄，2009. 混合盐碱胁迫对苗期紫花苜蓿抗氧化酶活性及丙二醛含量的影响 [J]. 草业学报，18（1）：46 - 50.

朱延凯，王振华，李文昊，2018. 不同盐胁迫对滴灌棉花生理生长及产量的影响 [J]. 水土保持学报，32（2）：298 - 305.

Bavei V，Shiran B，Khodambashi M，et al.，2011. Protein electrophoretic profiles and physiochemical indicators of salinity tolerance in sorghum (*Sorghum bicolor* L.) [J]. African Journal of Biotechnology, 10 (14): 2683 - 2697.

Li C Y, Fang B, Yang C W, et al., 2009. Effects of various salt - alkaline mixed stresses on the state of mineral elements in nutrient solutions and the growth of alkali resistant halophyte *Chloris virgata* [J]. Journal of Plant Nutrition, 32 (7): 1137 - 1147.

Mansour M M F, Salama K H A, 2004. Cellular basis of salinity tolerance in plants [J]. Environmental and Experimental Botany, 52 (2): 113 - 122.

Shi D, Sheng Y, 2005. Effect of various salt - alkaline mixed stress conditions on sunflower seedlings and analysis of their stress factors [J]. Environmental and Experimental Botany, 54 (1): 8 - 21.

Shi D C, Wang D, 2005. Effects of various salt - alkaline mixed stresses on *Aneurolepidium chinense* (Trin.) Kitag [J]. Plant and Soil, 271 (1 - 2): 15 - 26.

Yang C W, Jianaer A, Li C Y, et al., 2008. Comparison of the effects of salt - stress and alkali - stress on photosynthesis and energy storage of an alkali - resistant halophyte *Chloris virgata* [J]. Photosynthetica, 46 (2): 273 - 278.

Yang C W, Zhang M L, Liu J, et al., 2009. Effects of buffer capacity on growth, photosynthesis, and solute accumulation of a glycophyte (wheat) and a halophyte (*Chloris virgata*) [J]. Photosynthetica, 47 (1): 55 - 60.

第六章 •••
复合盐碱与单一盐碱胁迫对棉花离子组响应特征的差异性比较

通过利用 ICP－MS 研究植物对元素吸收和积累的机理，能够反映植物对外界环境的应答，在现代植物营养学、生态学和农产品安全等研究领域中都具有重要的应用价值（Willey，2012）。Lahner 等（2003）首次定义离子组概念，离子组学在植物各种机制方面的探索提供了很多可能，并发现植物体内各离子的平衡是相互联系的。棉花主要的耐盐碱机制就是维持体内离子稳态，离子稳态失衡不仅影响作物的正常发育，而且还以多种方式直接或间接地影响植物的耐盐性。大量元素和微量元素在植物成长发育过程中不可或缺，盐胁迫不仅抑制作物对 N、P、K、Ca、Mg、S 的摄取，而且还限制对 Fe、Cu、Zn、Mn、B 等的吸收，因此导致养分缺失和细胞代谢紊乱（Munns，2010；Tavakkoli et al.，2010）。李长有（2009）研究也表明盐胁迫和碱胁迫对营养液中的矿质离子影响并不一致，碱处理导致许多矿物离子沉淀，这也就说明碱胁迫会造成作物营养亏缺与影响体内离子稳态（王文昌等，2017）。

盐碱胁迫中，环境中大量的 Na 进入棉花体内，使棉花组织内离子稳态失衡。已有研究表明保持植物体内较低的 Na/K 对于调控植物的耐性至关重要（Gill et al.，2010），在盐胁迫中 Ca^{2+} 可以保护作物膜结构，组织内保持适当的 Ca^{2+} 浓度可能会提高作物抵御胁迫的能力（Ahmad et al.，2002）。Dogan 等（2012）认为 Ca、Mg、K 的含量高对提高棉花耐盐性至关重要。此外，一些矿质元素还通过合成渗透调节物质以及激活抗氧化酶活性达到耐盐目的。例如，P 参与合成磷酸盐构成缓存体系维持细胞渗透势；B 可以与糖类结合，与 P 一起促进糖类的运输、参与调节渗透平衡；S 参与合成谷胱甘肽，Fe 和 Cu 分别构成 CAT 和 SOD 的辅基，Mn、Mg 和 Zn 是抗氧化酶的活化剂。作物会通过多种途径共存抵御盐碱胁迫，尽管不同植物抵御盐、碱或盐碱胁迫的方式不同，但许多作物都会选择吸收无机离子调控组织内渗透势抵御胁迫（康文钦等，2010）。

盐碱胁迫会使植物细胞质内的 Na^+ 含量增加，打破离子平衡（Zhu et al.，2003；Wang et al.，2008）。维持体内的离子平衡是植物耐盐的重要方式（Ding et al.，2010；Sun et al.，2009）。因此，阐明盐碱胁迫下棉花离子组的响应特征对于认识棉花耐盐机理和提高棉花耐盐性十分重要。本研究通过对 8 个棉花品种的耐盐性比较，筛选出耐盐品种鲁棉研 24 号（L24）与盐敏感品种赣棉 1 号（G1）。在此基础上，本章重点探讨不同盐碱胁迫下耐盐品种与盐敏感品种离子组变化的差异，以明确不同盐碱胁迫下棉花离子组的响应特征，旨在揭示盐碱胁迫下棉花离子稳态机制。

第一节　盐胁迫下棉花离子组响应特征

不同盐碱胁迫下棉花离子组响应特征和相关基因表达试验于 2017—2018 年在石河子大学农学院试验站温室进行。在第五章试验的基础上，选取耐盐性差异较大的 2 个棉花品种，设置 7 个土壤盐碱处理（第五章试验）。试验设 14 个处理，每个处理重复 8 次，共112 盆，其他同第五章试验。试验结束后（出苗后 90 d），采集植物样品。随机选择 3 个重复，采集植株主茎功能叶（第一片和第二片最新完全展开叶），洗净擦干后放入离心管，置于液氮瓶中带回实验室，置于超低温冰箱储存，用于测定 Na$^+$ 转运相关基因表达。剩余植株地上部自茎秆基部剪下，根系采用冲洗法收集装入自封袋，用于测定离子组含量。

植物离子含量：N 含量，采用凯氏法测定；P、Na、K、Ca、Mg、Fe、Mn、Zn、Fe、Mo、Sr、Ti 含量，采用 ICP－AES 法测定。

一、盐胁迫对棉花叶片离子组相对含量的影响

随土壤盐度的增加，棉花叶片 Na 相对含量显著增加（图 6-1）。盐胁迫处理（S1、S2）耐盐品种 L24 叶片 Na 相对含量较 CK 增加 2.3～4.0 倍，盐敏感品种 G1 增加 4.7～12.6 倍。盐胁迫（S1、S2）下，L24 叶片 N 相对含量较 CK 降低 10.3%～31.2%。盐胁迫（S1、S2）下，G1 叶片 K、Mg 相对含量较 CK 分别降低 32.8%～40.9%、4.4%～5.2%，P 相对含量仅在 S2 处理显著降低，较 CK 降低 7.7%。

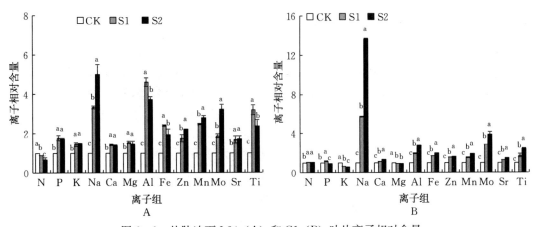

图 6-1　盐胁迫下 L24（A）和 G1（B）叶片离子相对含量

二、盐胁迫对棉花茎秆离子组相对含量的影响

盐胁迫（S1、S2）下，棉花茎秆 Na 相对含量显著增加。耐盐品种 L24 茎秆 Na 相对含量较 CK 增加 1.1～1.78 倍，盐敏感品种 G1 增加 4.1～8.5 倍（图 6-2）。盐胁迫（S1、S2）下，G1 茎秆 P 相对含量较 CK 降低 6.0%～11.5%。

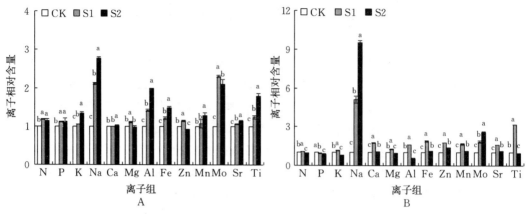

图 6-2　盐胁迫下 L24（A）和 G1（B）茎秆离子相对含量

三、盐胁迫对棉花根系离子组相对含量的影响

随土壤盐度的增加，耐盐品种 L24 根系 Na 相对含量较 CK 增加 12.9%～43.7%，盐敏感品种 G1 增加 4.7～12.6 倍（图 6-3）。盐胁迫处理 G1 根系 P 相对含量 S1 处理较 CK 升高 9.7%，S2 处理较 CK 降低 8.0%。

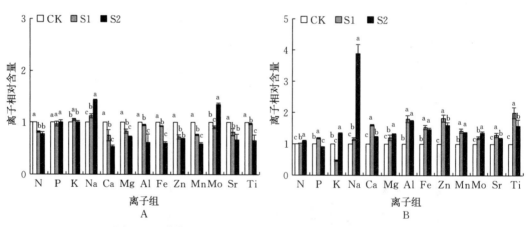

图 6-3　盐胁迫下 L24（A）和 G1（B）根系离子相对含量

第二节　碱胁迫下棉花离子组响应特征

一、碱胁迫对棉花叶片离子组相对含量的影响

碱胁迫下，棉花叶片 Na 相对含量较 CK 显著增加；耐盐品种 L24 较 CK 增加 1.0～1.74 倍，盐敏感品种 G1 增加 0.29～22.8 倍（图 6-4）。碱胁迫处理（A1、A2）L24 叶片 N 相对含量较 CK 降低 19.3%～31.7%。碱胁迫处理（A1、A2）G1 叶片 Ca、K、Zn、P、Mg 相对含量较 CK 分别降低 2.6%～37.3%、5.8%～26.1%、8.6%～36.2%、7.1%～14.4%、16.9%～23.2%。

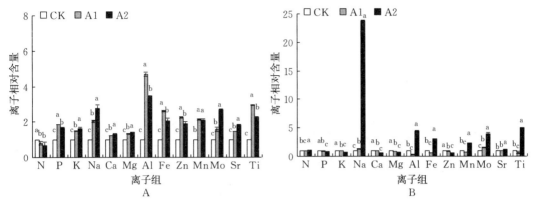

图 6-4 碱胁迫下 L24（A）和 G1（B）叶片离子相对含量

二、碱胁迫对棉花茎秆离子组相对含量的影响

随土壤碱性（pH）的增加，耐盐品种 L24 茎秆 Na 相对含量较 CK 增加 0.78～1.57 倍，盐敏感品种 G1 增加 3.4～10.1 倍（图 6-5）。高碱胁迫处理（A2）G1 茎秆 P、Ca、K 相对含量较 CK 分别降低 19.3%、16.8%、8.9%。

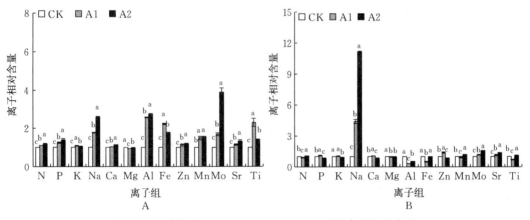

图 6-5 碱胁迫下 L24（A）和 G1（B）茎秆离子相对含量

三、碱胁迫对棉花根系离子组相对含量的影响

盐敏感品种 G1 根系 Na 相对含量碱胁迫处理（A1、A2）较 CK 增加 31.8%～38.1%；耐盐品种 L24 根系 Na 相对含量低碱处理（A1）较 CK 降低 12.9%，高碱处理（A2）较 CK 增加 16.2%（图 6-6）。耐盐品种 L24 根系 Mo、K 相对含量 A2 处理较 CK 增加 11.6%、10.3%；碱胁迫处理（A1、A2）G1 根系 Fe、K、Mg、Ti、Al、Mn 相对含量较 CK 分别降低 37.7%～44.4%、20.3%～25.6%、14.3%～27.1%、25.8%～49.8%、24.2%～50.2%、25.7%～47.9%。

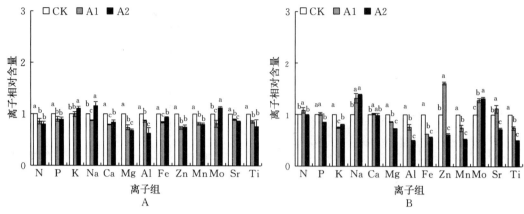

图 6-6　碱胁迫下 L24（A）和 G1（B）根系离子相对含量

第三节　复合盐碱胁迫下棉花离子组响应特征

一、复合盐碱胁迫对棉花叶片离子组相对含量的影响

复合盐碱胁迫（SA1、SA2）下，棉花叶片 Na 相对含量显著增加；耐盐品种 L24 叶片 Na 相对含量较 CK 分别增加 1.9 倍和 9.1 倍，盐敏感品种 G1 分别增加 10.6 倍和 35.8 倍（图 6-7）。复合盐碱胁迫（SA1、SA2）下，G1 叶片 K、Ca、Mg、Zn、P 相对含量较 CK 分别降低 4.2%～26.4%、23.9%～42.7%、8.3%～13.7%、11.5%～17.2%、15.1%～17.2%。

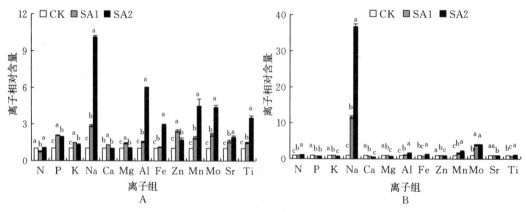

图 6-7　复合盐碱胁迫下 L24（A）和 G1（B）叶片离子相对含量

二、复合盐碱胁迫对棉花茎秆离子组相对含量的影响

随盐碱胁迫程度的增加，棉花茎秆 Na 相对含量显著增加；L24 茎秆 Na 相对含量盐碱胁迫处理（SA1、SA2）较 CK 增加 1.2～5.0 倍，G1 增加 9.7～44.1 倍（图 6-8）。高盐碱胁迫处理（SA2）G1 茎秆 P、N、Mo 相对含量较 CK 分别降低 46.3%、29.7%、101.7%。

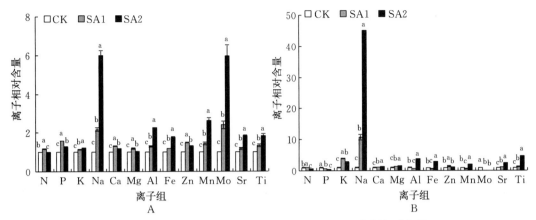

图6-8　复合盐碱胁迫下L24（A）和G1（B）茎秆相对含量

三、复合盐碱胁迫对棉花根系离子组相对含量的影响

复合盐碱胁迫（SA1、SA2）下，耐盐品种L24根系Na相对含量较CK增加1.9%~69.8%，盐敏感品种G1增加108.3%~142.5%（图6-9）。高盐碱胁迫处理（SA2）L24根系K、Mo相对含量较CK分别增加24.3%、67.9%。

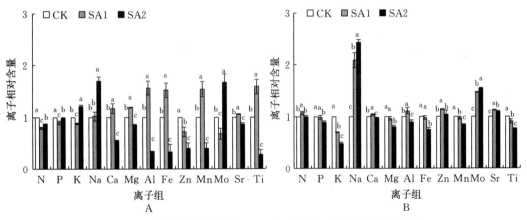

图6-9　复合盐碱胁迫下L24（A）和G1（B）根系相对含量

植物受盐胁迫后会进行渗透调节，除了通过生理物质积累调节渗透平衡外，在组织中积累Na^+、K^+、Ca^{2+}等离子也是主要方式（黄清荣等，2018），此举虽然能缓解渗透胁迫，但易破坏细胞内离子平衡引起离子毒害（Chen et al.，2017）。因此，离子毒害的产生是否会引起其他离子的变化也变成了最近研究关注的热点，针对盐碱胁迫下离子平衡的研究已得出许多成果（Guo et al.，2017）。在本试验中发现，三种盐碱胁迫下棉花Na相对含量均随胁迫程度增加显著增加，与王宁等（2016）研究结果相同。但本研究针对不同耐盐品种棉花的研究发现，耐盐品种棉花各器官（叶、茎、根）Na相对含量均显著低于盐敏感品种，说明耐盐品种抑制Na吸收和转运的能力较强。且发现在碱胁迫下盐敏感品种Na相对含量显著高于盐胁迫，与碱胁迫下盐敏感品种根系抑制率大于耐盐品种结果相

对应。并发现耐盐品种和盐敏感品种棉花叶片 Mo 相对含量在三种盐碱胁迫下均显著增加，且与 Na 相对含量呈显著正相关。有研究表明微量元素 Mo 是硝酸还原酶的成分并且缺 Mo 会影响氮的代谢，汤菊香等（2006）研究通过外源添加 Mo 的方式研究对棉花幼苗耐盐性的影响，结果表明一定的配施会提高棉花耐盐性，且研究表明随着土壤 pH 升高，Mo 的有效性增大，分析 Mo 相对含量可能对棉花耐盐碱性有相关影响。

通过根、茎、叶中离子变化发现，盐胁迫条件下，盐敏感品种棉花 S2 处理叶片 P、K、Mg 相对含量降低，茎秆的 N、P、K、Mg、Ti 相对含量降低，根系 P 相对含量降低。而盐胁迫条件下，耐盐品种叶片仅 N 相对含量降低，其他元素相对含量均显著增加，且增幅均高于盐敏感品种（除了 Na）；根系 P、K 相对含量变化不显著（略有增加），Ca、Mg、Fe、Mn、Zn、Al、Sr、Ti 相对含量均显著降低，表明不同耐性品种棉花在盐胁迫下离子变化差异显著。盐胁迫下，耐盐品种棉花的 P、K 吸收能力以及 Ca、Mg、Fe、Mn、Zn、Al、Sr、Ti 向茎、叶的转运能力较强，以维持体内的离子平衡。而盐敏感品种棉花 P 吸收以及 K、Mg 向茎、叶的转运受到严重抑制。张毅等（2013）研究也发现盐胁迫也会使番茄叶片中 P 相对含量降低，王庆惠等（2018）研究也表明盐胁迫会影响棉花对 N、P、K 的吸收。碱胁迫下，对棉花各器官离子组响应的聚类分析发现，不同耐性品种棉花的离子组响应均存在显著差别。碱胁迫下，盐敏感品种棉花叶片 P、K、Ca、Mg、Zn 相对含量降低，茎秆 Mg、Al、Fe 相对含量降低，根系 K、Mg、Fe、Mn、Al、Ti 也均降低。碱胁迫下，耐盐品种叶片除 N 相对含量降低，其他元素相对含量均显著增加；根系 K 相对含量增加，其他元素相对含量（Na、Mo 除外）均降低，其中 P、Fe、Mn、Al、Ti 的降幅低于盐敏感品种。而碱胁迫下，Ca 相对含量在耐盐品种叶片中显著增加，在盐敏感品种叶片中显著降低。通过对比可以发现，耐盐品种有较强的 K、P、Zn、Sr 吸收能力以及 Ca、Mg 向茎、叶的转运能力，以维持体内的离子平衡。而盐敏感品种棉花 P、K、Ca、Mg、Zn 的吸收以及向茎、叶的转运均受到严重抑制。

复合盐碱胁迫下，耐盐品种叶片和茎秆离子相对含量的变化趋势与盐胁迫基本一致；根系离子相对含量的变化趋势与碱胁迫相似，耐盐品种 L24 的 SA2 处理根系 K、Na、Mo 相对含量显著增加，其他离子相对含量均显著降低。耐盐品种的 SA2 处理根系 P、Mg 相对含量的降幅低于盐敏感品种，Ca、Fe、Mn、Al、Ti 的降幅高于盐敏感品种。这表明复合盐碱胁迫下，耐盐品种通过较强的 K、P、Mg 吸收能力以及 Ca、Fe、Mn、Zn、Al、Sr、Ti 向茎、叶的转运能力，来维持体内的离子平衡。盐敏感品种根、茎、叶变化与碱胁迫变化一致，复合盐碱胁迫也抑制盐敏感品种 P、K、Ca、Mg、Zn 的吸收以及向茎、叶的转运能力。研究表明碱胁迫中土壤高 pH 会使土壤中 P 不易被作物吸收（张皓禹等，2018）。前人已发现 P、K、Ca、Mg、Zn 等元素是作物生长的重要矿质元素，如 Mg 是光合作用中重要的元素，低 Mg 会导致光合作用减弱（张其德等，1992）。郭伟等（2011）在盐碱复合胁迫条件下对小麦体内离子转运的影响研究也发现盐碱复合胁迫会抑制 Mg^{2+} 吸收与向地上部的转运。肖鑫辉等（2011）研究也表明盐碱胁迫下 Ca^{2+} 和 Mg^{2+} 是影响棉花耐盐碱的关键离子。Zn 是棉花发育过程中重要的矿质元素，可以保护膜结构不被破坏（张丽等，2014）。孟鹏等（2013）通过对盐碱胁迫下松苗体内离子变化的研究中发现 Zn 含量与抗性强有显著关系，耐性强的品种体内 Zn 含量下降较少。因此，盐敏感品种耐碱性较差的原因之一可能是盐碱胁迫抑制了这些元素的转运。

主要参考文献

郭伟，王庆祥，于立河，2011. 盐碱混合胁迫对小麦幼苗阳离子吸收和分配的影响 [J]. 麦类作物学报，31 (4)：735-740.

黄清荣，祁琳，柏新富，2018. 根环境供氧状况对盐胁迫下棉花幼苗光合及离子吸收的影响 [J]. 生态学报，38 (2)：528-536.

康文钦，娜荷雅，张子义，等，2010. NaCl 胁迫对燕麦与小麦幼苗生长及其营养吸收的影响 [J]. 华北农学报，25 (3)：97-101.

李长有，2009. 盐碱地四种主要致害盐分对虎尾草胁迫作用的混合效应与机制 [D]. 长春：东北师范大学.

孟鹏，李玉灵，张柏习，2013. 盐碱胁迫下沙地彰武松和樟子松苗木生理特性 [J]. 应用生态学报，24 (2)：359-365.

汤菊香，李广领，徐新娟，等，2006. Mn^{2+} 和 Mo^{6+} 对棉花幼苗生长耐盐性的影响 [J]. 吉首大学学报（自然科学版）(1)：93-96.

王宁，杨杰，黄群，等，2015. 盐胁迫下棉花 K^+ 和 Na^+ 离子转运的耐盐性生理机制 [J]. 棉花学报，27 (3)：208-215.

王庆惠，杨嘉鹏，向光荣，等，2018. 盐胁迫对不同基因型棉花苗期光合特性和养分吸收的影响 [J]. 中国农业科技导报，20 (5)：9-15.

王文昌，周双云，乔飞，等，2017. 实时荧光定量检测盐胁迫下香蕉幼苗 CaM 和 Ca^{2+}-ATPase 基因的相对表达量 [J]. 分子植物育种，14 (5)：1745-1751.

肖鑫辉，李向华，刘洋，等，2011. 高盐碱胁迫下野生大豆（*Glycine soja*）体内离子积累的差异 [J]. 作物学报，37 (7)：1289-1300.

张皓禹，黄志华，王娟，等，2019. 不同酸化剂对石灰性土壤 pH、磷有效性的影响 [J]. 中国土壤与肥料 (1)：145-150.

张毅，石玉，胡晓辉，等，2013. 外源 Spd 对盐碱胁迫下番茄幼苗氮代谢及主要矿质元素含量的影响 [J]. 应用生态学报，24 (5)：1401-1408.

张丽，贾志国，马庆华，等，2014. 盐碱胁迫对平欧杂种榛枝条电阻抗图谱参数及离子含量的影响 [J]. 应用生态学报，25 (11)：3131-3138.

张其德，张世平，张启丰，1992. 在植物光合作用中镁离子的作用 [J]. 黑龙江大学自然科学学报 (1)：82-88.

Ahmad S，Khan N，Iqbal M Z，et al.，2002. Salt tolerance of cotton（*Gossypium hirsutum* L.）[J]. Asian Journal of Plant Sciences，1 (6)：715-719.

Chen Y Y，Li Y Y，Sun P，et al.，2017. Interactive effects of salt and alkali stresses on growth, physiological responses and nutrient（N, P）removal performance of *Ruppia maritima* [J]. Ecological Engineering，104（Part A）：177-183.

Ding M Q，Hou P C，Shen X，et al.，2010. Salt-induced expression of genes related to Na^+/K^+ and ROS homeostasis in leaves of salt-resistant and salt-sensitive poplar species [J]. Plant Molecular Biology，73 (3)：251-269.

Dogan I，Ozyigit I I，Demir G，2012. Mineral element distribution of cotton（*Gossypium hirsutum* L.）seedlings under different salinity levels [J]. Pakistan Journal of Botany，44：15-20.

Guo R，Shi L X，Yan C R，et al.，2017. Ionomic and metabolic responses to neutral salt or alkaline salt stresses in maize（*Zea mays* L.）seedlings [J]. BMC Plant Biology，17 (1)：41.

Gill S S, Tuteja N, 2010. Polyamines and abiotic stress tolerance in plants [J]. Plant Signaling & Behavior, 5 (1): 26 - 33.

Lahner B, Gong J, Mahmoudian M, et al., 2003. Genomic scale profiling of nutrient and trace elements in Arabidopsis thaliana [J]. Nature Biotechnology, 21 (10): 1215 - 1221.

Munns R, 2010. Approaches to identifying genes for salinity tolerance and the importance of timescale [J]. Plant Stress Tolerance: 25 - 38.

Sun J, Chen S L, Dai S X, et al., 2009. NaCl - induced alternations of cellular and tissue ion fluxes in roots of salt - resistant and salt - sensitive poplar species [J]. Plant Physiology, 149 (2): 1141 - 1153.

Tavakkoli E, Rengasamy P, McDonald G K, 2010. The respones of barley to salinity stress differs between hydroponic and soil system [J]. Functional plant Biology, 37 (7): 621 - 633.

Wang R G, Chen S L, Zhou X Y, et al., 2008. Ionic homeostasis and reactive oxygen species control in leaves and xylem sap of two poplars subjected to NaCl stress [J]. Tree Physiology, 28 (6): 947 - 957.

Willey N, 2012. Ion - brew: Clarifying the influences on plant ionomes [J]. New Phytologist, 196 (1): 1 - 3.

Zhu J K, 2003. Regulation of ion homeostasis under salt stress [J]. Current Opinion in Plant Biology, 6 (5): 441 - 445.

第七章

复合盐碱与单一盐碱胁迫对棉花相关基因表达影响的差异性比较

大量学者针对耐盐作物基因表达进行研究并得出初步结论,针对棉花耐盐性强弱的相关性较强的基因包括 *GhAKT*(朱仲佳等,2016)、*GhNHX1*(穆敏等,2016)和 *GhSOS1*(姜奇彦等,2017)。目前已探明的调控棉花 Na^+ 转运相关基因包括:*GhAKT1* 和 *GhAKT2* 主要参与 Na^+ 吸收和向地上部运输,维持 K^+ 平衡(Rubio et al.,2008);*GhSOS1* 基因参与 Na^+ 运输及外排,降低胞质 Na^+ 浓度(Nieves et al.,2010);*GhNHX1* 参与 Na^+ 运输和渗透调节(Zhu et al.,2002)。上述调控 Na^+/K^+ 离子平衡基因对盐胁迫调控棉花的抗性能力具有重要作用。其中,K^+ 吸收转运蛋白基因 *GhAKT* 也参与调控 Na^+ 的吸收和向地上转运(Zhang et al.,2013),除此之外还可控制和调节 K^+ 的吸收(Qi et al.,2008),维持高 K^+ 浓度来抵御 Na^+ 毒害;液泡膜 Na^+/H^+ 逆向转运蛋白基因 *GhNHX1*(Zhang et al.,2001)和液泡膜 H^+-焦磷酸酶基因 *GhAVP1*(Duan et al.,2007)调控 Na^+ 区隔化到液泡当中(Yamaguchi et al.,2005)。此外,*GhNHX1* 还可调节 K^+ 的平衡和液泡内的 pH。前人对离子平衡调节基因的研究已有许多成果,如陆许可等(2014)分别针对 NaCl 和 Na_2CO_3 胁迫下棉花基因组进行分析,为揭示耐盐机理提供依据。但不同品种棉花在盐碱胁迫下基因表达是否存在差异,与其体内离子组变化是否存在关系仍认识有限。因此,对耐盐(碱)相关基因的研究会更好地揭示植物抗盐(碱)机制。

研究盐碱胁迫下植物耐盐相关基因的表达是了解植物耐盐机理的有效途径之一。Na^+ 是盐渍条件下造成植物离子毒害的主要离子。目前对不同盐碱胁迫下棉花耐盐机制方面的研究仍存在不足,不同盐碱胁迫下棉花离子组的响应特征仍未明晰,通过何种机制实现离子稳态尚未清楚。本研究在明确了盐碱胁迫下棉花离子组响应特征的基础上(见第六章),通过对 Na^+、K^+ 调控相关基因表达量的测定,探讨盐碱胁迫下不同耐盐性棉花相关基因表达的差异。研究选取与植物抗逆性紧密相关的 *GhDRF1* 基因,与棉花 Na^+ 调控密切相关的 *GhSOS1*、*GhAKT1*,以及参与 K^+ 转运的 *GhNHX1* 基因,分析不同盐碱胁迫(盐胁迫、碱胁迫和复合盐碱胁迫)对棉花耐盐相关基因表达的影响,比较不同耐盐性棉花相关基因表达的差异。

第一节　*GhDFR1* 基因表达

试验材料与方法同第六章。基因相对表达量:采用比较 CT 法(△△CT)对棉花进行相对定量分析。使用试剂盒提取 RNA,Thermo 试剂盒反转录取得 cDNA,以 *GAPDH* 作为内参基因,根据棉花各基因的非保守区设计特异性引物(表 7 - 1),进行 qRT - PCR

扩增，检测每份样品目的基因和内参基因的 Ct 值（循环阈值），每份样品 3 次重复，并且进行 3 次独立的实验。具体做法如下：棉花待测叶片，经检测合格并定量的总 RNA 逆转录成 cDNA，加入反应混合物（表 7 - 2）。PCR 反应体系（20 μL）如表 7 - 3 所示。

表 7 - 1　目的基因定量分析所用引物信息

引物名称	引物序列（5′ - 3′）F	引物序列（5′ - 3′）R
GAPDH - S/A	TGATGCCAAGGCTGGAATTGCTT	GTGTCGGATCAAGTCGATAACACGG
SOS1 - S/A	AAGTCAGGTTCTACAACAGCCAG	CCTTCAAGTGTTGAAATATCAAAT
AKT1 - S/A	CCTCGGAAGGTTTACAAGCGA	TACTGCTCTTACGCCTCGGTC
NHX1 - S/A	TTCTCTTTCTTTATGTCGGGATG	AACAAGACCCATCAGCACAGC
DFR - S/A	TAATGTTCCCACCAAGTTCAA	AAACTCAAATCCCAAGTCCAA

表 7 - 2　逆转录反应体系

成分	体积
RNA	2 μg
Oligo（dT）（50 μmol）	1 μL
dNTP Mix（10 mmol/L）	1 μL
5×Reaction Buffer	4 μL
RNase Inhibitor（40 U/μL）	0.5 μL
MMLV RT（200 U/μL）	1 μL
RNase free dH$_2$O	Up to 20 μL

表 7 - 3　PCR 反应体系

成分	体积（μL）
2×SYBR real - time PCR premixture	10
primer	0.8
cDNA	1
ddH$_2$O	8.2

不同盐碱胁迫下，*GhDFR1* 基因相对表达量均表现为耐盐品种 L24 显著降低，盐敏感品种 G1 显著增加，且 G1 的 *GhDFR1* 基因相对表达量显著高于 L24（图 7 - 1）。在盐胁迫 S1 和 S2 处理中 G1 体内 *GhDFR1* 基因相对表达量较 L24 增高了 0.93 倍和 6.88 倍，在碱胁迫 A1 和 A2 处理中 G1 体内 *GhDFR1* 相对表达量较 L24 增高了 5.24 倍和 3.68 倍，在 SA1 和 SA2 处理中 G1 体内 *GhDFR1* 相对表达量较 L24 增高了 0.77 倍和 10.19 倍。

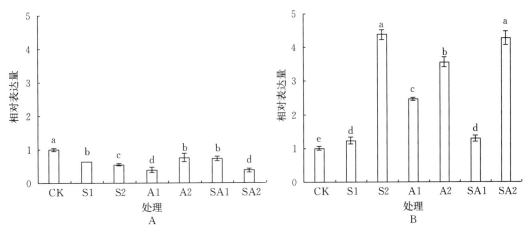

图 7-1　不同盐碱胁迫下 L24（A）和 G1（B）*GhDFR1* 基因相对表达量

第二节　*GhSOS1* 基因表达

盐胁迫下，耐盐品种 L24 和盐敏感品种 G1 的 *GhSOS1* 基因相对表达量随土壤盐度的增加（S1、S2）显著增加，但两个品种间的差异不显著（图 7-2）。L24 品种的 *GhSOS1* 基因相对表达量表现为低碱处理（A1）最高，其次是高盐处理（S2）和低盐碱处理（SA1），均显著高于 CK；G1 品种的 *GhSOS1* 基因相对表达量表现为高盐处理（S2）最高，其次是低碱处理（A1）和低盐碱处理（SA1），均显著高于 CK。碱胁迫下，L24 的 *GhSOS1* 基因相对表达量显著高于 G1，A1、A2 处理较 G1 分别增加 196%、146%。复合盐碱胁迫下，L24 的 *GhSOS1* 基因相对表达量 SA1 处理显著高于 CK，SA2 处理与 CK 差异不显著；G1 的 *GhSOS1* 基因相对表达量表现为 SA1 处理较 CK 显著增加，SA2 处理则显著降低。与碱胁迫相似，复合盐碱胁迫下 L24 的 *GhSOS1* 基因相对表达量显著高于 G1，SA1、SA2 处理较 G1 分别增加 92.7%、39.7%。

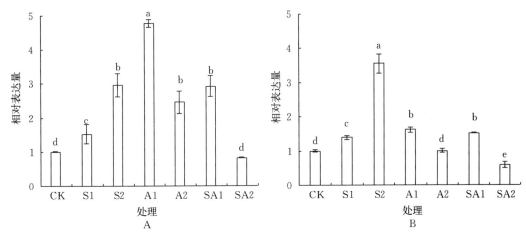

图 7-2　不同盐碱胁迫下 L24（A）和 G1（B）*GhSOS1* 基因相对表达量

第三节　*GhNHX1* 基因表达

不同盐碱胁迫下，L24 的 *GhNHX1* 基因相对表达量的变化趋势一致，均表现为低胁迫处理最高，其次是高胁迫处理，均显著高于 CK（图 7-3）。G1 的 *GhNHX1* 基因相对表达量，盐胁迫下的变化趋势与 L24 相似；碱胁迫下仅 A1 处理显著增加；复合盐碱胁迫下的变化较小。从两个品种的差异来看，耐盐品种 L24 的 *GhNHX1* 基因相对表达量在三种盐碱胁迫下均显著高于盐敏感品种 G1（$P<0.05$）。L24 的 *GhNHX1* 基因相对表达量在盐胁迫（S1、S2）下较 G1 分别增加 192%、172%，碱胁迫（A1、A2）下分别增加 70%、164%，复合盐碱胁迫（SA1、SA2）下分别增加 294%、40%。

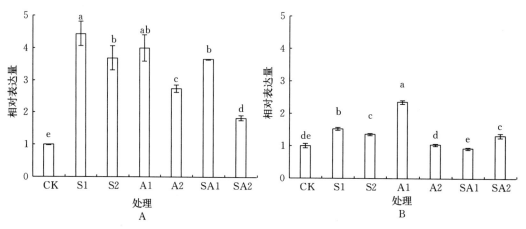

图 7-3　不同盐碱胁迫下 L24（A）和 G1（B）*GhNHX1* 基因相对表达量

第四节　*GhAKT1* 基因表达

盐胁迫下，L24 和 G1 的 *GhAKT1* 基因相对表达量均随胁迫程度增加而显著增加（图 7-4）。其中，高盐胁迫处理（S2）*GhAKT1* 基因相对表达量盐敏感品种 G1 显著高于耐盐品种 L24（增加 61.0%）。碱胁迫下，L24 的 *GhAKT1* 基因相对表达量 A1 和 A2 处理无明显差异，均显著高于 CK；G1 的 *GhAKT1* 基因相对表达量仅 A1 处理显著增加。碱胁迫处理（A1、A2）L24 的 *GhAKT1* 基因相对表达量显著高于 G1（$P<0.05$），较 G1 分别增加 35%、204%。复合盐碱胁迫下，L24 和 G1 的 *GhAKT1* 基因相对表达量无显著差异。

GhDFR1 基因是与植物抗逆性（耐冷、抗旱）相关的基因，Ren 等（2018）研究表明 *GhDFR1* 基因通过调控脯氨酸含量提高拟南芥对冷害和干旱胁迫的抵御能力。本研究发现：耐盐品种 *GhDFR1* 基因相对表达量在不同盐碱胁迫下均显著下降；而盐敏感品种显著升高，且随盐碱胁迫程度提高而显著增加。盐敏感品种 *GhDFR1* 基因相对表达量与脯氨酸含量呈显著正相关，但耐盐品种 *GhDFR1* 基因相对表达量与脯氨酸含量无相关性。可能盐碱胁迫下 *GhDFR1* 基因表达与植物种类及基因型相关，其对棉花耐盐碱胁迫的调

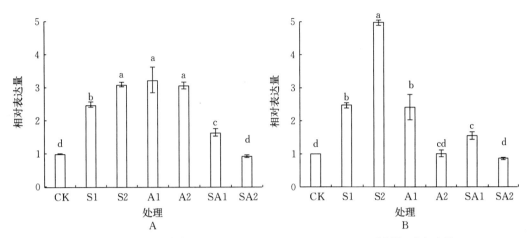

图 7-4 不同盐碱胁迫下 L24（A）和 G1（B）*GhAKT1* 基因相对表达量

控作用还需要进一步探究。

前人针对盐碱胁迫下植物 Na^+/K^+ 转运相关基因表达进行了大量研究。Yue 等（2012）研究表明 *GhSOS1* 基因过量表达可以提高植物耐盐性。本研究中耐盐品种 L24 在碱胁迫和复合盐碱胁迫下 *GhSOS1* 相对表达量均显著高于盐敏感品种 G1，由此可表明 *GhSOS1* 基因过量表达确实可以提高棉花的耐盐性。通过棉花体内离子含量变化研究发现，在碱胁迫下盐敏感品种 Na^+ 含量增加幅度较耐盐品种高 4～5 倍，且显著高于盐敏感品种在盐胁迫下增加幅度。通过 *GhSOS1* 基因相对表达量测定发现，G1 在碱胁迫时 *GhSOS1* 较 CK 的平均基因表达增加量低于盐胁迫时 *GhSOS1* 较 CK 的平均基因表达增加量，由此导致 G1 在盐胁迫下对 Na^+ 的吸收量显著高于碱胁迫。同时，在三种胁迫中 *GhSOS1* 基因相对表达量存在差异，盐胁迫中随胁迫程度增加 L24 和 G1 品种体内 *GhSOS1* 相对表达量为逐渐增加趋势，但碱胁迫和复合盐碱胁迫中变化均为先增后降趋势。原因可能是胁迫类型对棉花体内 *GhSOS1* 基因相对表达量影响不同，进而导致了棉花体内离子响应差异，这也可以说明植物抵御盐胁迫方式与碱胁迫并不一致。

为避免盐的毒害作用，植物耐盐机制主要有限制 Na^+ 吸收、增加 Na^+ 外排（Apse et al.，2007）及 Na^+ 区隔化（Reguera et al.，2014），而这 3 种途径主要与质膜上（*GhSOS1*）和液泡膜上（*GhNHX1*）的 Na^+/H^+ 逆向转运蛋白有关。近年来，学者针对 *NHX* 基因开展了大量研究，结果表明过量表达 *NHX* 可以明显增强作物的耐盐性（Qiu，2012）。刘雪华等（2017）研究发现随着盐浓度增加苦荞麦根茎叶中 *FtNHX1* 基因的表达量均显著增加。本研究中，三种胁迫下 L24 叶片 *GhNHX1* 基因相对表达量均显著高于 G1，且均两个品种呈增加趋势，说明盐胁迫均会促进耐盐品种 L24 和盐敏感品种 G1 体内 Na^+/H^+ 逆向转运蛋白合成。L24 叶片 *GhNHX1* 变化表现为盐胁迫＞碱胁迫＞复合盐碱胁迫，而 G1 叶片 *GhNHX1* 变化为碱胁迫＞盐胁迫＞盐碱胁迫。原因可能是盐敏感品种 G1 在碱胁迫时 Na^+ 含量显著升高，促使 *GhNHX1* 基因上调将过多的 Na^+ 进行区隔化，调节棉花体内离子稳态。在三种胁迫下，随胁迫程度的加强 L24 叶片 *GhNHX1* 基因相对表达量呈降低趋势，与刘雪华等（2017）研究结果相反；G1 品种在盐胁迫和复合盐碱胁迫中 *GhNHX1* 相对表达量有显著差异，但在碱胁迫中也显著降低。董禄禄等（2015）研究表明：盐胁迫下长叶红砂随着 NaCl 浓度增加 *RtNHX1* 基因表达量也表现出下降趋势。分析可能原因：当胁迫程度到达一定值时，棉花其他耐盐方式被激活，无须大量转录 *GhNHX1*，其相对表达量呈下降趋势；也可能是胁迫程度过大已达到生长临界浓度破坏了棉花自身耐盐机制导致 *GhNHX1* 相对表达量下降。

在盐胁迫下植物维持体内 Na^+/K^+ 稳态是抵御胁迫的主要方式之一，因此，本研究中也选取了与 K^+ 转运密切相关的基因 *GhAKT1* 进行分析。*GhAKT1* 基因是 K^+ 通过根系向地上部运输的主要通道基因（Xu et al.，2014）。前人已通过模式作物拟南芥进行研究，结果表明 *GhAKT1* 在低浓度和高浓度 K 条件下均对吸收过程起到作用（Dennison et al.，2001）。本试验研究发现盐胁迫下，L24 和 G1 叶片 *GhAKT1* 基因相对表达量均会随胁迫程度的升高而显著增加，这表明盐胁迫会使 *GhAKT1* 基因上调促进 K^+ 转运吸收。但在碱胁迫下，L24 叶片 *GhAKT1* 基因相对表达量也显著升高，但处理间差异不显著；G1 叶片 *GhAKT1* 基因相对表达量呈先增加后降低趋势，可能因此导致 G1 转运 K^+ 能力下降，茎和叶中 K^+ 显著降低。复合盐碱胁迫下，L24 和 G1 在低盐碱胁迫时 *GhAKT1* 基因相对表达量均显著增加，但在高盐碱胁迫下均显著降低且与 CK 无显著差异。G1 体内 K^+ 含量显著降低，但耐盐品种依然会促进 K^+ 含量的吸收和转运，因此，分析耐盐品种通过多种渠道调控 K^+ 的运输和转运。由于本试验中未进行 K^+ 在细胞间的含量测定以及其他 K^+ 调控调控途径，无法对棉花体内 K^+ 变化进行解释（徐娟，2014），需要进一步研究。

主要参考文献

董禄禄，秦晓春，党振华，2015. 长叶红砂液泡膜 Na^+/H^+ 逆向转运蛋白基因的克隆及表达特性 [J]. 西北植物学报，35（11）：30-36.

姜奇彦，李丽丽，牛凤娟，等，2017. 过表达 *TaLEA1* 和 *TaLEA2* 基因提高转基因拟南芥的耐盐性 [J]. 植物遗传资源学报，18（3）：509-519.

刘雪华，宋珊楠，张玉喜，等，2017. 苦荞麦 *FtNHX1* 基因的克隆及表达分析 [J]. 华北农学报，32（4）：49-54.

陆许可，王德龙，阴祖军，等，2014. NaCl 和 Na_2CO_3 对不同棉花基因组的 DNA 甲基化影响 [J]. 中国农业科学，47（16）：3132-3142.

穆敏，舒娜，王帅，等，2016. 酵母耐盐相关基因 *HAL1* 在棉花中的功能表达 [J]. 中国农业科学，49（14）：2651-2661.

徐娟，2014. 棉花钾离子通道基因 *GhAKT1* 和转运体基因 *GhKT2* 的克隆及功能分析 [D]. 北京：中国农业大学.

朱仲佳，曾兴，刘励蔚，等，2016. 转异苞滨藜 *BADH* 基因玉米高世代株系苗期外源基因表达及耐盐性功能分析 [J]. 玉米科学，24（3）：36-41.

赵小洁，穆敏，陆许可，等，2016. 棉花耐盐相关基因 *GhVP* 的表达及功能分析 [J]. 棉花学报，28（2）：122-128.

Apse M P，Blumwald E，2007. Na^+ transport in plants [J]. FEBS Letters，581（12）：2247-2254.

Dennison K L，Robertson W R，Lewis B D，et al.，2001. Functions of AKT1 and AKT2 potassium channels determined by studies of single and double mutants of arabidopsis [J]. Plant physiology，127（3）：1012-1019.

Duan X G，Yang A F，Gao F，et al.，2007. Heterologous expression of vacuolar H^+-PPase enhances the electrochemical gradient across the vacuolar membrane and improves tobacco cell salt tolerance [J]. Protoplasma, 232 (1-2): 87-95.

Nieves C M, Alemán F, Martínez V, et al., 2010. The Arabidopsis thaliana HAK5 K$^+$ transporter is required for plant growth and K$^+$ acquisition from low K$^+$ solutions under saline conditions [J]. Molecular plant, 3 (2): 326-333.

Qiu Q S, 2012. Plant and yeast NHX antiporters: roles in membrane trafficking [J]. Journal of inergrative plant biology, 54 (2): 66-72.

Qi Z, Hampton C R, Shin R, et al., 2008. The high affinity K$^+$ transporter *AtHAK5* plays a physiological role in planta at very low K$^+$ concentrations and provides a caesium uptake pathway in Arabidopsis [J]. Journal of experimental botany, 59 (3): 595-607.

Reguera M, Bassil E, Blumwald E, 2014. Intracellular NHX-type cation / H$^+$ antiporters in plants [J]. MolecularPlant, 7 (2): 261-263.

Ren Y, Cao J, Miao M, et al., 2018. *DFR1*-mediated inhibition of proline degradation pathway regulates draught and freezing tolerance in Arabidopsis [J]. Cell Reports, 23 (13): 3960.

Rubio F, Nieves C M, Alemán F, et al., 2008. Relative contribution of *AtHAK5* and *AtAKT1* to K$^+$ uptake in the high affinity range of concentrations [J]. Physiologia plantarum, 134 (4): 598-608.

Xu J, Tian X, Egrinya Eneji A, et al., 2014. Functional characterization of *GhAKT1*, a novel Shaker-like K$^+$ channel gene involved in K$^+$ uptake from cotton (*Gossypium hirsutum*) [J]. Gene, 545 (1): 61-71.

Yue Y S, Zhang M C, Zhang J C, et al., 2012. *SOS1* gene overexpression increased salt tolerance in transgenic tobacco by maintaining a higher K$^+$/Na$^+$ ration [J]. Journal of Plant Physiol, 169 (3): 255-261.

Yamaguchi T, Blumwald E, 2005. Developing salt-tolerant crop plants: challenges and opportunities [J]. Trends in plant science, 10 (12): 615-620.

Zhu J K, 2002. Salt and drought stress signal transduction in plants [J]. Annual review of plant biology, 53: 247-273.

Zhang J L, Flowers T J, Wang S M, 2013. Differentiation of low-affinity Na$^+$ uptake pathways and kinetics of the effects of K$^+$ on Na$^+$ uptake in the halophyte Suaeda maritima [J]. Plant and soil, 368 (1-2): 629-640.

Zhang H X, Hodson J N, Williams J P, et al., 2001. Engineering salt-tolerant Brassica plants: characterization of yield and seed oil quality in transgenic plants with increased vacuolar sodium accumulation [J]. Proceedings of the National Academy of Sciences, 98 (22): 12832-12836.

第八章 ···

磷对盐碱胁迫下棉花生长和离子组的影响

盐碱胁迫是影响植物生长的重要环境因素。盐胁迫会导致植物渗透胁迫、盐离子毒害、养分失衡和生理代谢受损，阻碍作物生长、降低产量和品质，甚至在严重的情况下导致植物死亡。植物可通过各种生理和分子机制来适应盐碱胁迫环境，包括渗透调节、盐分外排、离子区隔化、活性氧清除、转录调控、信号转导等。尽管不同的作物具有不同的耐盐方法和机理，但是通过离子吸收和区隔化来维持植物细胞中的离子平衡（离子稳态）是提高植物耐盐性的关键机制之一（Xu et al.，2014）。植物的耐盐性本质上就是矿质营养的问题，需要从这一角度研究植物对各种离子的吸收、分配和调控机制。因此，促进盐胁迫下植物对营养离子的吸收是提高植物耐盐性的关键。

胁迫不仅抑制作物对大中量元素（N、P、K、Ca、Mg、S）的摄取，也限制微量元素（Fe、Cu、Zn、Mn、B等）的吸收。这些矿质元素不仅为作物生长提供营养，也参与了植物体内多种复杂的生理代谢，直接或间接地影响作物的耐盐性。国内外就棉花离子吸收对盐胁迫的响应以及矿质元素提高棉花耐盐性方面开展了大量研究。研究表明，盐胁迫（NaCl）导致棉花离子失衡，Na 和 Cl 水平上调，K、Ca 和 Mg 水平下调（Ahmad et al.，2002）。NaCl 胁迫下，棉花根、茎和叶中的 Na 浓度显著增加，而根中的 K、Cu、B 和 Mo 浓度以及叶中的 Mg 和 S 浓度显著降低（Guo et al.，2019）。棉花通过保持组织中 K^+、Na^+ 平衡以应对盐胁迫，维持组织中较高的 K^+/Na^+ 比值比单纯维持较低的 Na^+ 含量更重要（Ali et al.，2013）。

盐渍土壤中生长的植物，通常受到渗透胁迫、Na^+ 和 Cl^- 毒害、营养失调和氧化胁迫等，进而光合作用和生长遭到抑制（Hasegawa et al.，2000；Munns et al.，2008）。盐渍土壤中 P 的有效性降低，苗期施用磷肥能有效提高棉花的耐盐能力（张少民等，2013）。但也有研究表明缺磷提高了玉米的耐盐性，主要是增加了玉米植株组织密度和渗透调节物，减少 Na^+ 积累（Tang et al.，2019）。此外，Ca、Mg 对提高棉花耐盐性也至关重要（Dogan et al.，2012）。但 Severino 等（2014）研究认为 Ca、Mg 并不能减轻棉花苗期的 Na^+ 毒害。这意味着盐渍化农田的推荐施肥具有很大的挑战性，因为施用的养分可能会增加或降低植物的耐盐性。尽管棉花的耐盐性备受关注，但矿质元素对盐碱胁迫下棉花离子稳态和耐盐性的调控效应研究还很缺乏。

P 参与植物许多代谢过程，包括能量转移、信号传导、有机物合成、光合作用和呼吸作用（Lambers et al.，2005）。在农业生产中，P 被认为是为仅次于 N 的最缺乏必需营养元素。研究发现适量 P 可促进盐胁迫下植物深层根系生长（李威威等，2018）。研究表明，提高 P 水平能够促进盐胁迫下番茄、黄瓜、小麦、黑麦草等的生长，降低膜伤害，促进矿质元素和水分的吸收，维持 K^+ 稳定，减少 Na^+ 积累，从而提高耐盐性（Kaya et al.，2001；Kaya et al.，2003）。盐碱土由于其较高的 pH 等不良土壤理化性质，导致 P

有效性降低。因此，研究 P 喷施对盐碱胁迫下棉花生长和离子组的影响，探讨 P 对棉花耐盐性和离子稳态的调控效应，可为盐渍化棉田磷肥的合理施用提供理论依据和技术参考。

第一节　磷对盐碱胁迫下棉花生长的影响

试验于 2019—2020 年在石河子大学农学院试验站玻璃温室进行。供试土壤来源于石河子大学农学院试验站农田，取土深度为 $0 \sim 30$ cm。土壤类型为灌耕灰漠土，质地为壤土，有机质 14.9 g/kg，碱解氮 41.2 mg/kg，有效磷 10.6 mg/kg，速效钾 248 mg/kg。

试验采用在供试土壤分别添加中性盐（NaCl）和碱性盐（Na_2CO_3＋$NaHCO_3$），设置 2 种土壤盐碱胁迫类型：盐胁迫、碱胁迫，并以未添加盐碱的供试土壤（原土）为对照。其中，盐胁迫（NaCl）处理土壤 NaCl 添加量为 0.3%（占干土重）；碱胁迫（Na_2CO_3＋$NaHCO_3$）处理为 Na_2CO_3＋$NaHCO_3$（摩尔比 1∶1）添加量为 0.4%（占干土重）。试验开始前，将供试土壤自然风干、碾碎后过 2mm 筛，按照试验设计将不同盐分配成溶液喷洒在土壤表面（对照处理喷洒等量去离子水），边喷边搅拌，混合均匀后保湿堆置 1 个月，确保土壤盐分达到平衡。处理后的土壤自然风干，碾碎过 2 mm 筛后备用。不同盐碱处理土壤的盐碱类型和盐碱度见表 8-1。

表 8-1　不同土壤处理盐碱情况

土壤处理	电导率（$EC_{1:5}$，mS/cm）	pH（H_2O）
无盐对照（无盐碱胁迫）	0.52	7.95
盐胁迫	1.54	8.05
碱胁迫	0.86	10.01

试验选取 2 个棉花品种，分别为鲁棉研 24 号（L24，耐盐品种）、赣棉 1 号（G1，盐敏感品种）。

不同磷浓度喷施试验：盐胁迫下，磷浓度设置 3 个处理，0%（P0）、0.5%（P1）、0.75%（P2）；碱胁迫下，磷浓度设置 3 个处理，0%（P0）、0.5%（P1）、0.75%（P2）；同时，以未添加盐碱的供试土壤为对照（不喷施磷）。供试棉花品种两个（耐盐品种 L24、盐敏感品种 G1）。12 个处理，每个处理重复 6 次，共 72 盆。试验中，供试磷源为 KH_2PO_4，P0 处理喷施等量清水。为避免喷施 KH_2PO_4 中 K 元素的影响，添加 K_2SO_4 使各处理 K 元素相同。

试验使用直径 15 cm、高 25 cm 的塑料盆。按照 1.25 g/cm³ 容重分层装土（10 cm 一层），每盆装风干土 4.0 kg。棉花于 7 月 23 日播种，每盆播种 15 粒。试验期间定期称重补水，保持土壤含水量在田间持水量的 60%～80%。待幼苗长至"两叶一心"时定苗，每盆保留长势均匀一致的棉苗 3 株。三叶期（8 月 9 日）进行第一次喷施处理（磷和微量元素相同），之后每隔 7 d 喷施一次，共喷施 5 次。试验在播种 60 d 后（9 月 23 日）结束。

试验结束后，每个处理随机采集 6 片棉花最新完全展开叶，装入自封袋，并置于装有冰袋的保温箱中，立即带回实验室，将叶片用锡箔纸包裹，立即放入液氮速冻；一部分叶片用于质膜透性和丙二醛含量的测定，另一部分置于 $-80\ ℃$ 超低温冰箱中贮存，用于 K^+/Na^+ 转运相关基因表达量的测定。剩余处理采集棉花幼苗植株样品，分成根、茎、叶三部分，蒸馏水洗净后晾干，用于棉花相对生物量和离子含量的测定。

一、磷对盐碱胁迫下棉花相对生物量的影响

生长状况是反映棉花受盐碱伤害的最直观表现。盐胁迫下，磷素喷施对棉花相对生物量的影响见表 8-2。盐胁迫下，P1、P2 处理棉花整株相对生物量显著高于不施磷处理（P0）。与 P0 处理相比，P1 和 P2 处理耐盐品种（L24）棉花整株相对生物量分别增加 14.2% 和 25.6%，盐敏感品种（G1）分别增加 12.3% 和 23.3%。盐胁迫下，L24 相对生物量显著高于 G1。

表 8-2　磷对盐胁迫下棉花相对生物量的影响

品种	磷素处理	棉花相对生物量			
		叶	茎	根	整株
L24	P0	0.456c	0.391c	0.249b	0.360c
	P1	0.594b	0.462b	0.296a	0.411b
	P2	0.507a	0.480a	0.303a	0.452a
	平均	0.486A	0.444A	0.283A	0.408A
G1	P0	0.338c	0.294c	0.173b	0.292c
	P1	0.377b	0.337b	0.183b	0.328b
	P2	0.424a	0.348a	0.249a	0.360a
	平均	0.380B	0.326B	0.203B	0.327B
两因素方差分析（显著性）					
品种（V）		**	**	**	**
磷素（P）		**	**	**	**
交互作用（V×P）		**	**	**	**

注：同一列不同小写字母表示不同磷素喷施处理间差异显著（$P<0.05$）；不同大写字母表示不同品种间差异显著（$P<0.05$）。显著性水平中，***表示 $P<0.001$，**表示 $P<0.01$，*表示 $P<0.05$，ns 表示 $P\geqslant0.05$。下同。

碱胁迫下，磷素喷施（P1、P2）对 L24 整株相对生物量无显著影响，但 P2 处理显著增加 L24 茎和根的相对生物量，分别较 P0 处理增加 6.7% 和 8.6%（表 8-3）。P1 处理对 G1 整株相对生物量无显著影响，P2 处理 G1 棉花整株相对生物量较 P0 处理增加 16.2%。P2 处理主要促进了 G1 根系的生长，根系相对生物量较 P0 处理提高 41.5%；但对茎、叶相对生物量影响不显著。与盐胁迫相同，碱胁迫下 L24 相对生物量显著高于 G1。

表 8 - 3　磷对碱胁迫下棉花相对生物量的影响

品种	磷素处理	棉花相对生物量			
		叶	茎	根	整株
L24	P0	0.688a	0.658b	0.572b	0.644a
	P1	0.745a	0.689a	0.597ab	0.678a
	P2	0.723a	0.702a	0.621a	0.688a
	平均	0.719A	0.682A	0.596A	0.670A
G1	P0	0.600a	0.529a	0.451b	0.519b
	P1	0.635a	0.531a	0.473b	0.537b
	P2	0.647a	0.542a	0.638a	0.603a
	平均	0.627B	0.534B	0.521B	0.553B
两因素方差分析（显著性）					
品种（V）		**	**	**	**
磷素（P）		ns	*	**	**
交互作用（V×P）		ns	ns	**	*

二、磷对盐碱胁迫下棉花相对根长的影响

盐胁迫下，喷施磷（P1、P2）显著增加棉花相对根长（图 8 - 1A）。耐盐品种（L24）棉花相对根长随磷浓度的增加显著提高，P1、P2 处理棉花相对根长较 P0 处理提高55.5%、74.6%。盐敏感品种（G1）P1 和 P2 处理棉花相对根长差异不显著，分别较 P0处理提高 100.3% 和 110.9%。碱胁迫下，喷施磷（P1、P2）对 L24 相对根长没有显著影响，但显著增加 G1 相对根长（图 8 - 1B）。与 P0 处理相比，P1、P2 处理 G1 相对根长分别提高 12.0% 和 35.2%。

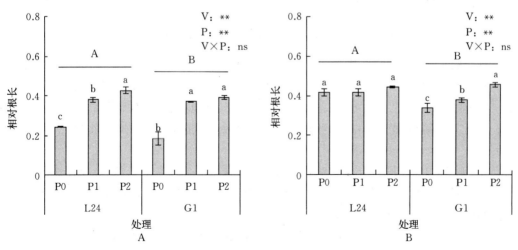

图 8 - 1　磷对盐（A）和碱（B）胁迫下棉花相对根长的影响

三、磷对盐碱胁迫下棉花相对根表面积的影响

盐胁迫下，喷施磷素显著提高耐盐品种（L24）棉花相对根表面积，P1、P2 处理相对根表面积较 P0 处理分别增加 33.3％和 49.6％（图 8－2A）。磷素喷施显著增加耐敏感品种（G1）棉花相对根表面积，P1、P2 处理分别较 P0 处理增加 137.2％、151.6％，其中 P1 和 P2 处理差异不显著。

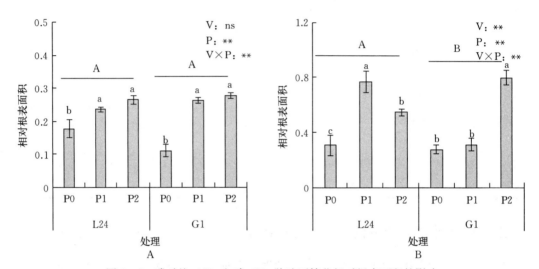

图 8－2　磷对盐（A）和碱（B）胁迫下棉花相对根表面积的影响

碱胁迫下，磷素喷施（P1、P2）显著增加 L24 棉花相对根表面积（图 8－2B）。与 P0处理相比，P1 处理对 G1 棉花相对根表面积无显著影响，P2 处理相对根表面积显著增加。从两个品种来看，磷素喷施对耐盐品种根表面积的影响大于盐敏感品种。

第二节　磷对盐碱胁迫下棉花逆境生理指标的影响

一、磷对盐碱胁迫下棉花叶片质膜相对透性的影响

植株遇到外界胁迫时，质膜作为物质交换和信息交流的一道屏障，选择透过性质膜的完整性直接反映质膜的损伤程度（韩建秋，2010）。盐胁迫下，磷素喷施显著降低棉花叶片质膜相对透性（图 8－3A），但 P1 和 P2 处理间差异不显著。与不施磷处理（P0）相比，施磷处理 L24 和 G1 叶片质膜相对透性分别降低 47.9％～52.2％和 55.0％～60.6％。

碱胁迫下，P1 处理对 L24 棉花叶片质膜相对透性影响不显著，P2 处理叶片质膜相对透性较 P0 处理降低 26.7％。P1、P2 处理 G1 棉花叶片质膜相对透性显著降低，较 P0 处理分别降低 37.0％、38.9％（图 8－3B）。

总体上，磷对盐胁迫下棉花叶片质膜相对透性的影响大于碱胁迫，对盐敏感品种的影响大于耐盐品种。

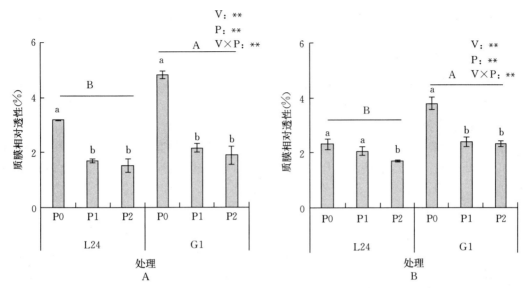

图8-3 磷对盐(A)和碱(B)胁迫下棉花质膜相对透性的影响

二、磷对盐碱胁迫下棉花叶片丙二醛含量的影响

盐胁迫下,磷素喷施显著降低棉花叶片丙二醛(MDA)含量(图8-4A)。与P0处理相比,两个品种L24和G1施磷处理MDA含量分别降低23.4%~30.2%和27.7%~52.5%。

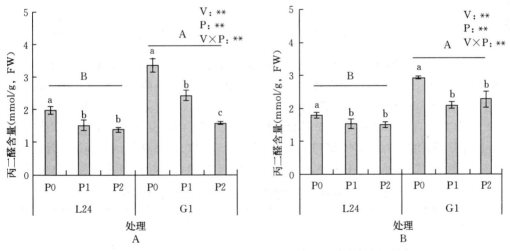

图8-4 磷对盐(A)和碱(B)胁迫棉花丙二醛含量的影响

碱胁迫下,P1、P2处理显著降低棉花叶片MDA含量,但P1和P2处理间差异不显著(图8-4B)。施磷处理L24和G1棉花叶片MDA含量较P0处理分别降低13.8%~16.0%和22.2%~28.5%。

总体上,磷对盐碱胁迫下棉花叶片MDA含量的影响与质膜相对透性相似。

第三节 磷对盐胁迫下棉花叶片离子组相对含量的影响

一、叶片离子组相对含量

为了能够更好地阐明磷对盐胁迫下棉花叶片离子组的影响，我们对不同 P 浓度喷施处理棉花叶片离子相对含量（Na、N、P、K、Ca、Mg、S、Fe、Mo、Zn、Mn、Cu、B 和 Si）进行主成分分析（图 8-5）。盐胁迫下，耐盐品种（L24），Mo、Fe、Zn、P、Mn、Mg 在 PC1 贡献最多（71.9%），PC2 中 Na、B、Ca 是最重要的变量（18.3%）（图 8-5A）；P0 和 P2 处理在 PC1 区别明显，P1、P2 处理和 P0 处理在 PC2 存在区别。盐敏感品种（G1），Fe、S、K、Cu、Mn、Mg 在 PC1 贡献最多（69.1%），Mo、Na、Zn 在 PC2 贡献最多（16.7%）（图 8-5B）；P2 处理和 P0、P1 处理在 PC1 区别明显。

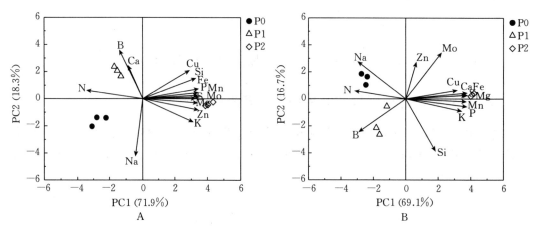

图 8-5 盐胁迫下不同施磷处理 L24（A）和 G1（B）棉花叶片离子组主成分分析

盐胁迫下，磷对棉花叶片离子相对含量的影响见表 8-4。磷素喷施显著降低棉花叶片 Na 相对含量，且 G1 随着磷浓度增加叶片 Na 相对含量显著降低。施磷处理（P1、P2）L24 和 G1 棉花叶片 Na 相对含量较 P0 处理分别降低 20.9%~44.9% 和 45.0%~59.0%。棉花叶片 P 相对含量随磷素喷施浓度增加显著增加，L24 和 G1 施磷处理叶片 P 相对含量较 P0 处理分别增加 1.48~6.46 倍和 1.61~2.55 倍。与 P0 处理相比，P2 处理显著提高了两个棉花品种叶片 K、Mg、S、Cu、Mn、Fe、Si 的相对含量，但叶片 N 相对含量显著降低。

表 8-4 磷对盐胁迫下棉花叶片离子相对含量的影响

品种	磷素处理	叶片离子相对含量													
		Na	N	P	K	Ca	Mg	S	Cu	Mn	Fe	Mo	Zn	B	Si
L24	P0	25.4a	1.17a	0.56c	0.73b	0.84a	0.77b	0.40b	0.60c	0.71b	0.79c	0.41c	0.70b	0.74b	0.61c
	P1	14.0c	1.16a	1.39b	0.64b	0.92a	0.78b	0.44b	0.82b	0.77b	1.19b	0.52b	0.68b	0.87a	1.24b
	P2	20.1b	0.71b	4.18a	1.01a	0.83a	0.90a	0.64a	0.94a	0.96a	1.95a	0.94a	1.31a	0.73b	1.84a
	平均	19.8B	1.01A	2.04A	0.79A	0.86A	0.82A	0.49A	0.79B	0.81B	1.31A	0.62B	0.89A	0.78B	1.23B

（续）

品种	磷素处理	叶片离子相对含量													
		Na	N	P	K	Ca	Mg	S	Cu	Mn	Fe	Mo	Zn	B	Si
G1	P0	37.3a	0.98a	0.69c	0.55c	0.87b	0.81b	0.43b	0.77b	1.05b	1.13b	1.10a	0.95a	0.94a	1.74b
	P1	20.5b	0.95a	1.80b	0.70b	0.86b	0.83b	0.43b	0.80b	1.10b	1.52b	0.89b	0.89a	1.09a	2.50a
	P2	15.3c	0.84b	2.45a	1.15a	0.95a	1.05a	0.69a	1.41a	1.56a	1.96a	1.18a	0.95a	0.73b	2.40a
	平均	24.4A	0.92B	1.65A	0.80A	0.89A	0.90A	0.52A	0.99A	1.24A	1.54A	1.06A	0.93A	0.92A	2.21A
两因素方差分析（显著性）															
品种（V）		**	**	ns	ns	ns	ns	ns	**	**	**	**	ns	**	**
磷素（P）		**	**	**	**	ns	**	**	**	**	**	**	**	**	**
交互作用（V×P）		**	**	**	**	*	*	ns	**	**	**	**	**	**	**

注：同一列不同小写字母表示不同磷素喷施处理间差异显著（$P<0.05$）；不同大写字母表示不同品种间差异显著（$P<0.05$）。显著性水平中，***表示 $P<0.001$，**表示 $P<0.01$，*表示 $P<0.05$，ns 表示 $P \geqslant 0.05$。下同。

二、茎秆离子组相对含量

盐胁迫下，不同施磷处理棉花茎秆离子组主成分分析如图 8-6 所示。两个棉花品种 L24 和 G1，P2 处理和 P0 处理在 PC1 上均有明显区别。对于耐盐品种 L24 来说，PC1 的主要贡献元素是 N、K、Si（55.9%），PC2 主要贡献元素为 Ca、Fe、S（27.1%）（图 8-6A）。对于盐敏感品种 G1 而言，Ca、Na、B、Zn 是 PC1 的主要贡献元素（52.3%），N、Mo、Si 为 PC2 的主要贡献元素（32.3%）（图 8-6B）。

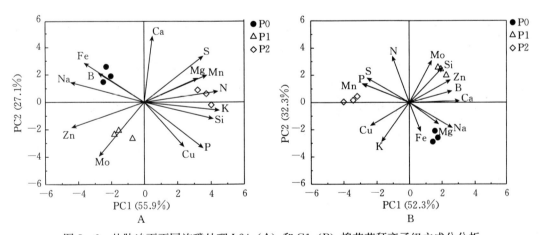

图 8-6　盐胁迫下不同施磷处理 L24（A）和 G1（B）棉花茎秆离子组主成分分析

磷素喷施（P1、P2）显著降低棉花茎秆 Na 相对含量，L24 和 G1 棉花茎秆 Na 相对含量较 P0 处理分别降低 25.4%～56.3% 和 25.9%～56.4%（表 8-5）。与 P0 处理相比，P2 处理显著提高了两个棉花品种茎秆 N、P 相对含量，但 Ca 相对含量显著降低。

表 8-5　磷对盐胁迫下棉花茎秆离子相对含量的影响

品种	磷素处理	茎秆离子相对含量													
		Na	N	P	K	Ca	Mg	S	Cu	Mn	Fe	Mo	Zn	B	Si
L24	P0	11.70a	0.73b	0.17b	0.44b	1.20a	0.74a	0.79b	0.25a	0.85b	3.13a	1.10b	0.75b	1.14a	1.46c
	P1	8.73b	0.73b	1.10a	0.53b	0.80c	0.70a	0.71c	0.43a	0.78b	1.15b	1.90a	0.96a	1.05a	2.12b
	P2	5.11c	0.87a	1.33a	0.82a	1.08b	0.80a	0.86a	0.42a	1.05a	0.29b	0.85b	0.10c	1.01a	3.02a
	平均	8.51B	0.78B	0.87A	0.60B	1.03A	0.75B	0.79B	0.37B	0.89B	1.52B	1.28B	0.60A	1.07A	2.20A
G1	P0	19.02a	0.86b	0.05c	0.73a	1.02a	0.93a	0.73c	0.60ab	0.89c	1.71a	1.59b	0.61b	0.98a	1.21b
	P1	14.10b	1.30a	0.31b	0.50b	1.07a	0.85a	0.86b	0.43b	1.07b	1.43a	3.14a	0.85a	1.03a	2.26a
	P2	8.30c	1.24a	0.86a	0.73a	0.56b	0.77a	1.01a	0.74a	1.42a	1.46a	1.81b	0.43c	0.89b	1.00b
	平均	13.81A	1.13A	0.41B	0.65A	0.88A	0.85A	0.87A	0.59A	1.13A	1.53A	2.18A	0.63A	0.97B	1.49B
两因素方差分析（显著性）															
品种（V）		**	**	**	*	ns	**	**	**	**	**	**	ns	**	**
磷素（P）		**	**	**	**	**	ns	**	**	**	**	**	**	ns	**
交互作用（V×P）		**	**	**	**	**	*	**	**	*	**	**	*	ns	**

三、根系离子组相对含量

主成分分析结果显示，不同磷浓度喷施处理（P0、P1、P2）棉花根系离子组有明显区分（图 8-7）。对于耐盐品种 L24 来说，PC1 贡献最多的元素是 Ca、Fe、Cu、Mn、S（66.1%），PC2 的主要贡献元素为 Si、Na（20.4%）（图 8-7A）。对于盐敏感品种 G1 而言，PC1 的主要贡献元素是 P、Ca、Mg、Mn、S（74.3%），PC2 为 K、Na（17.0%）（图 8-7B）。

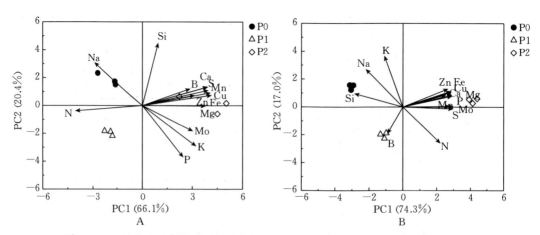

图 8-7　盐胁迫下不同施磷处理 L24（A）和 G1（B）棉花根系离子组主成分分析

盐胁迫下，磷对棉花根系离子相对含量的影响见表 8-6。喷施磷显著降低棉花根系 Na 相对含量，但幅度较小。施磷处理（P1、P2）L24 和 G1 棉花根系 Na 相对含量较 P0 处理分别降低 17.6%～24.3%和 53.4%～56.4%。与 P0 处理相比，P2 处理显著提高了两个棉花品种根系 P、Ca、S、Cu、Fe 相对含量。此外，P2 处理 L24 根系 K 相对含量显著提高，N 相对含量降低，而 G1 与之相反。

表 8-6 磷对盐胁迫下棉花根系离子相对含量的影响

品种	磷素处理	根系离子相对含量													
		Na	N	P	K	Ca	Mg	S	Cu	Mn	Fe	Mo	Zn	B	Si
L24	P0	4.08a	0.89a	0.68b	0.55b	0.77b	0.76ab	0.76b	0.37b	0.70b	0.67b	1.00a	0.58a	0.93b	1.47a
	P1	3.36b	0.91a	1.08a	0.64a	0.68b	0.75b	0.70c	0.31b	0.63b	0.60b	1.10a	0.51a	0.90b	0.33c
	P2	3.09c	0.65b	1.13a	0.68a	0.95a	0.84a	0.94a	0.51a	0.91a	1.04a	1.22a	1.52a	1.10a	1.17b
	平均	3.51B	0.82B	0.96A	0.62A	0.80B	0.78B	0.80A	0.40B	0.75B	0.77A	1.11B	0.87A	1.98A	0.99B
G1	P0	6.53a	0.93a	0.28b	0.58a	0.72b	0.72c	0.65c	0.50b	0.63c	0.64b	1.07b	0.73b	1.04a	4.14a
	P1	3.04b	1.18a	0.35b	0.51c	0.71b	0.78b	0.72b	0.49b	0.65b	0.63b	1.15b	0.70b	1.11a	2.47b
	P2	2.85c	1.19a	1.16a	0.54b	1.27a	0.91a	0.92a	0.79a	1.15a	1.04a	1.38a	1.30a	1.00a	0.69c
	平均	4.14A	1.10A	0.60B	0.54B	0.90A	0.80A	0.76B	0.59A	0.81A	0.77A	1.20A	0.91A	1.05B	2.43A

两因素方差分析（显著性）

品种（V）		**	**	**	**	**	**	**	**	**	**	**	ns	**	**
磷素（P）		**	**	**	**	**	**	**	**	**	**	**	**	**	**
交互作用（V×P）		**	**	**	**	**	**	**	**	**	**	ns	ns	**	**

第四节 磷对碱胁迫下棉花离子相对含量的影响

一、磷对碱胁迫下棉花叶片离子组相对含量的影响

碱胁迫下，不同施磷处理棉花叶片离子组主成分分析见图 8-8。不同磷浓度处理（P0、P1、P2）之间区分明显。耐盐品种 L24，PC1 的主要贡献元素为 Na、Mo、N、Ca、Mg（50.0%），PC2 的主要贡献元素为 S、B、Fe、Si（35.6%）（图 8-8A）。盐敏感品种 G1，PC1 的主要贡献元素为 Ca、Na、Mg、Mn、B、S（54.0%），PC2 的主要贡献元素为 Fe、Si、Cu、N（27.1%）（图 8-8B）。

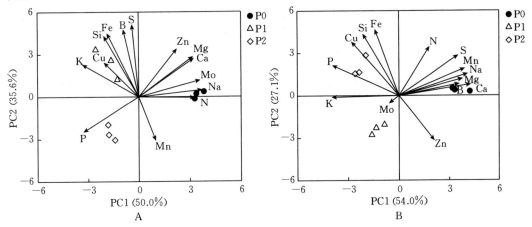

图 8-8 碱胁迫下不同施磷处理 L24（A）和 G1（B）棉花叶片离子组主成分分析

碱胁迫下，喷施磷（P1、P2）显著降低棉花叶片 Na 相对含量，但幅度较小；L24 和 G1 棉花叶片 Na 相对含量较 P0 处理分别降低 16.5％～17.5％和 20.1％～24.0％。施磷还可显著降低 L24 叶片 N、Ca、Mo 相对含量，显著增加 Mg、P、K 相对含量（表 8-7）。施磷处理显著降低盐敏感品种 G1 叶片 Ca、Mg、S、B 相对含量。与 P0 处理相比，P2 处理显著提高了 G1 棉花叶片 P、K、Cu、Fe、Si 相对含量。

表 8-7 磷对碱胁迫下棉花叶片离子相对含量的影响

品种	磷素处理	叶片离子相对含量													
		Na	N	P	K	Ca	Mg	S	Cu	Mn	Fe	Mo	Zn	B	Si
L24	P0	20.6a	0.79a	0.94c	1.14c	0.58a	0.50c	1.08a	0.76a	1.51b	1.12b	2.53a	1.12a	1.00ab	1.09b
	P1	17.2b	0.70b	2.17b	1.32a	0.50b	0.70a	1.15a	0.93a	1.46a	1.57b	2.13b	0.99ab	1.07a	1.68a
	P2	17.0b	0.68b	3.14a	1.23b	0.42c	0.58b	1.02b	0.83a	1.52b	1.11b	2.05c	0.73b	0.97b	1.12b
	平均	18.3B	0.72B	2.08A	1.23B	0.50B	0.59B	1.08B	0.84B	1.50B	1.26B	2.24B	0.95A	1.01A	1.30A
G1	P0	33.3a	0.93a	1.10c	1.33b	0.66a	0.84a	1.16a	0.96b	1.71a	2.38b	3.37a	1.05a	0.72a	1.11b
	P1	25.3b	0.84a	1.62b	1.43a	0.58b	0.76b	1.06c	1.01b	1.65b	1.67c	3.43a	1.06a	0.62b	0.96b
	P2	26.6b	0.91a	2.29a	1.45a	0.58b	0.78b	1.10b	2.45a	1.65b	3.67a	3.43a	0.89a	0.63b	1.78a
	平均	28.4A	0.89A	1.67B	1.40A	0.60A	0.80A	1.11A	1.47A	1.67A	2.58A	3.41A	1.00A	0.66B	1.28A
两因素方差分析（显著性）															
品种（V）		**	**	**	**	**	**	**	**	**	**	**	ns	**	ns
磷素（P）		**	*	**	**	**	**	**	**	**	**	ns	**	*	**
交互作用（V×P）		**	ns	**	**	**	**	**	**	ns	**	ns	ns	*	**

二、磷对碱胁迫下棉花茎秆离子组相对含量的影响

碱胁迫下，不同施磷处理棉花茎秆离子组区分明显（图 8-9）。对于耐盐品种 L24 来说，PC1 贡献最多的元素是 Na、Mg、Zn、Cu（43.3％），PC2 的主要贡献元素为 Fe、Mo、K、Mn、S（37.7％）（图 8-9A）。对于盐敏感品种 G1 来说，PC1 的主要贡献元素是 Na、P、S、Zn、Cu（52.3％），PC2 的主要贡献元素为 Fe、K、Mg、Mn、Mo（23.8％）（图 8-9B）。

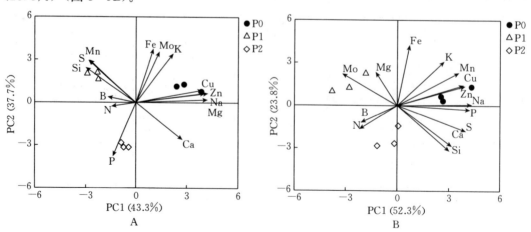

图 8-9 碱胁迫下不同施磷处理 L24（A）和 G1（B）棉花茎秆离子组主成分分析

碱胁迫下，喷施磷显著降低 L24 茎秆 Na、K、Mg、Cu 相对含量和 G1 茎秆 Na、P、Cu、Mn、Zn 相对含量（表 8-8）。与 P0 处理相比，P2 处理仅显著提高了 L24 棉花茎秆 P 相对含量和 G1 棉花茎秆 N 相对含量。

表 8-8　磷对碱胁迫下棉花茎秆离子相对含量的影响

品种	磷素处理	茎秆离子相对含量												
		Na	N	P	K	Ca	Mg	S	Cu	Mn	Fe	Mo	Zn	B	Si
L24	P0	12.33a	0.81a	1.42c	0.91a	0.52a	0.75a	0.92b	0.77a	1.46b	1.03a	1.24a	2.44a	2.25a	1.97b
	P1	7.99c	0.82a	1.60b	0.84b	0.49b	0.65b	1.01a	0.43b	1.72a	0.99a	1.16a	0.75b	2.28a	3.68a
	P2	8.85b	0.82a	2.45a	0.73c	0.52a	0.68b	0.90c	0.47b	1.40b	0.46b	0.83b	1.06a	2.26a	1.93b
	平均	9.72B	0.82B	1.82A	0.83A	0.51B	0.69B	0.94B	0.56A	1.53A	0.82B	1.07A	1.42B	2.27A	2.53A
G1	P0	32.22a	0.88b	1.47a	0.84a	1.25a	0.95a	1.08a	0.73a	1.25a	6.50a	0.90b	17.24a	1.42a	1.07a
	P1	23.05c	0.97a	1.05c	0.82ab	1.14b	0.99a	0.94b	0.47b	1.06b	6.27a	1.43a	1.70b	1.44a	0.81b
	P2	26.33b	0.97a	1.23b	0.80b	1.28a	0.96a	1.05a	0.47b	1.02b	3.44b	0.97b	2.12b	1.44a	1.12a
	平均	27.20A	0.94A	1.25B	0.82A	1.22A	0.96A	1.02A	0.56A	1.11B	5.40A	1.10A	7.02A	1.43B	1.00B
两因素方差分析（显著性）														
品种（V）		**	*	**	ns	**	**	**	ns	**	**	ns	**	**	**
磷素（P）		**	ns	**	**	**	*	ns	**	**	**	**	**	ns	**
交互作用（V×P）		**	ns	**	**	**	**	**	ns	**	**	*	**	ns	**

三、磷对碱胁迫下棉花根系离子组相对含量的影响

碱胁迫下棉花根系离子组主成分分析显示，不同磷浓度处理的区分明显（图 8-10）。对于耐盐品种 L24 而言，PC1 的主要贡献元素是 Na、Fe、Mn、N、K、Zn、B（48.3%），PC2 主要贡献元素为 Si、Ca、Cu、Mn（38.6%）（图 8-10A）。对于盐敏感品种 G1 而言，Mg、Zn、Fe、Cu、S、Mn、Mo、Ca 是 PC1 的主要贡献元素（60.8%），P、K、Ca、S 为 PC2 的主要贡献元素（24.8%）（图 8-10B）。

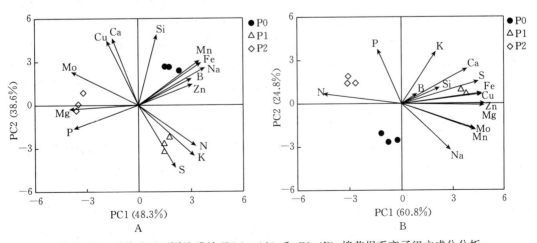

图 8-10　碱胁迫下不同施磷处理 L24（A）和 G1（B）棉花根系离子组主成分分析

碱胁迫下，喷施磷显著降低 L24 根系 Na、Mn、Fe、Si 相对含量，且 P2 处理显著增加 P 和 Mg 相对含量（表 8 - 9）。施磷处理 G1 根系 Na 相对含量降低，P、K、Ca 相对含量显著增加。

表 8 - 9　磷对碱胁迫下棉花根系离子相对含量的影响

品种	磷素处理	根系离子相对含量													
		Na	N	P	K	Ca	Mg	S	Cu	Mn	Fe	Mo	Zn	B	Si
L24	P0	2.83a	0.46b	1.04b	0.49b	0.48a	0.54b	0.52b	0.28a	0.38a	0.25a	1.35b	0.31a	2.13a	5.017a
	P1	2.25b	0.48a	1.20b	0.59a	0.42b	0.54b	0.56a	0.24b	0.35b	0.19b	1.18c	0.25a	2.07ab	2.659c
	P2	1.79c	0.44b	1.48a	0.45c	0.47a	0.57a	0.52b	0.28a	0.33c	0.16c	1.60a	0.15b	2.02b	3.432b
	平均	2.29B	0.46A	1.24A	0.51A	0.46A	0.55A	0.53A	0.27B	0.35B	0.20B	1.38A	0.24B	2.07A	3.70A
G1	P0	7.33a	0.28b	0.95c	0.21c	0.09c	0.38b	0.27b	2.17b	0.75b	4.03b	1.23a	0.41b	0.40a	2.453a
	P1	6.91b	0.23c	1.08b	0.35a	0.12a	0.41a	0.37a	3.10a	0.79a	5.03a	1.32a	0.71a	0.42a	2.769a
	P2	5.59c	0.33a	1.20a	0.31b	0.10b	0.36c	0.28b	2.02b	0.64c	3.83b	1.00b	0.24c	0.41a	2.464a
	平均	6.61A	0.28B	1.08B	0.29B	0.10B	0.38B	0.30B	2.43A	0.73A	4.29A	1.18B	0.45A	0.41B	2.56B
两因素方差分析（显著性）															
品种（V）		**	**	**	**	**	**	**	**	**	**	**	**	**	**
磷素（P）		**	ns	**	**	*	**	**	**	**	**	ns	**	ns	**
交互作用（V×P）		**	**	ns	**	**	**	**	**	**	**	**	**	ns	**

注：同一列不同小写字母表示不同磷素喷施处理间差异显著（$P<0.05$）；不同大写字母表示不同品种间差异显著（$P<0.05$）。显著性水平：***表示 $P<0.001$，**表示 $P<0.01$，*表示 $P<0.05$；ns 表示 $P \geqslant 0.05$。

盐胁迫会在植物中引起生理缺水、离子毒害、氧化伤害等胁迫伤害，从而影响植物生长（Munns et al.，2008）。P 是作物生长必需的大量元素，有研究表明 P 在豆科植物生长发育过程中起重要作用，能够提高作物的抗逆性（Carroll et al.，2003）。本研究发现，盐胁迫下，喷施 P 可提高耐盐品种（L24）和盐敏感品种（G1）的各器官相对生物量，其中高浓度 P（0.75%）的促进作用最为明显。碱胁迫下，喷施 P 对两个品种叶片相对生物量的影响不显著，G1 根系相对生物量增幅高于 L24。这表明喷施 P 可以促进盐碱胁迫下棉花的生长，且高浓度 P 对盐敏感品种根系生长的促进作用相对更强。作物吸收养分的主要器官是根系，根长和根表面积在吸收养分方面发挥着重要的作用（陈晨等，2017）。本研究发现，喷施 P 可以促进盐碱胁迫下两个品种的根长及根表面积，且总体上随着磷浓度的增加而增加。从不同品种来看，G1 的增加幅度高于 L24。这说明施 P 可以改善根系形态，促进根长及根表面积。

质膜相对透性是观测质膜损伤程度最直观的指标（顾恒等，2020）。本研究发现，喷施不同浓度 P 均能减少盐分对棉花的不利影响。盐胁迫下，P2 处理可以显著降低耐盐品种的质膜相对透性，但 P1 和 P2 处理差异不显著；盐敏感品种与耐盐品种趋势一致。碱胁迫下，高浓度 P（P2）处理效果最为显著，两个品种趋势一致。丙二醛是能够反映质膜脂质过氧化作用强度的重要衡量标志（韩建秋，2010），本试验发现两种胁迫均明显降低了丙二醛含量，说明两种胁迫类型均会导致质膜过氧化物作用加剧。在不同盐碱胁迫下，L24 和 G1 大多表现为高浓度 P 降幅较大。本研究结果表明添加高浓度外源 P 对盐碱胁迫的缓解效果优于低浓度外源 P。

　　除了缓解盐胁迫造成的生长抑制与氧化伤害以外，外源 P 添加显著降低盐碱胁迫下棉花各器官 Na 相对含量。前人研究已表明棉花受不同类型胁迫时生理响应并不一致（Yang et al.，2008），但不同耐受性品种对盐碱胁迫的响应是否一致尚不清楚。P 参与植物体多种代谢过程，能提高作物抗逆性。有研究发现，叶面喷施 P 能够减轻盐分对植物的不利影响（Kaya et al.，2003）。本研究发现，喷施 P 可以促进棉花对元素的吸收，同时在盐胁迫下棉花各器官中 P 相对含量大多随着施磷量增加呈显著增加的趋势；盐胁迫下，L24 叶片中除了 Na、N、Ca、Zn、B 相对含量，其他元素相对含量均有增加趋势，G1 叶片中 N、Na 相对含量降低，P、K、Mg、Cu、Mn 和 Fe 相对含量均增加。本试验条件下，施 P 能促进棉花器官的养分积累，其中高浓度 P 处理效果最为显著，说明喷施 P 能缓解盐胁迫造成的生长抑制，修复植株养分运输通道，促进养分吸收。

主要参考文献

陈晨，龚海青，张敬智，等，2017. 水稻根系形态与氮素吸收累积的相关性分析 [J]. 植物营养与肥料学报，23（2）：333-341.

董元杰，陈为峰，王文超，等，2017. 不同 NaCl 浓度微咸水灌溉对棉花幼苗生理特性的影响 [J]. 土壤，49（6）：1140-1145.

顾恒，李玲，欧阳绮霞，等，2020. 盐胁迫对 3 个桂花品种生长和生理特性的影响 [J]. 中国野生植物资源，39（10）：28-34.

韩建秋，2010. 水分胁迫对白三叶叶片脂质过氧化作用及保护酶活性的影响 [J]. 安徽农业科学，38（23）：12325-12327.

李威威，丁效东，刘庆，等，2018. 盐胁迫下硝态氮对甘薯生长及渗透调节的影响 [J]. 热带作物学报，39（1）：6-12.

张少民，白灯莎·买买提艾力，孙良斌，等，2013. 不同施磷方式对盐碱地棉花苗期生长和产量的影响 [J]. 中国棉花，40（12）：21-23.

Ali L，Ashraf M，Maqbool M，et al.，2013. Optimization of soil K：Na ratio for cotton (*Gossipium hirsutum* L.) nutrition under field conditions [J]. Pakistan Journal of Botany，45（1）：127-134.

Ahmad S，Khan N，Iqbal M Z，et al.，2002. Salt Tolerance of Cotton (*Gossipium hirsutum* L.) [J]. Asian Journal of Plant Sciences，1（6）：78-86.

Carroll P V，Claudia U S，Deborah L A，2003. Phosphorus acquisition and use：Critical adaptations by plants securing a nonrenewable resource [J]. New Phytologist，157：423-447.

Dogan Ⅰ，Ozyigit Ⅱ，Demir G，2012. Mineral element distribution of cotton (*Gossipium hirsutum* L.) seedlings under different salinity levels [J]. Pakistan Journal of Botany，44：15-20.

Guo H J，Li S N Min W，et al.，2019. Ionomic and transcriptomic analyses of two cotton cultivars (*Gossypium hirsutum* L.) provide insights into the ion balance mechanism of cotton under salt stress [J]. Plos One，14（12）：e0226776.

Hasegawa P M，Bressan R A，Zhu J K，et al.，2000. Plant cellular and molecular responses to high salinity [J]. Annu Rev Plant Physiol Plant Mol Biol，51（51）：463-499.

Kaya C，Higgs D. Ince F，et al.，2003. Ameliorative effects of potassium phosphate on salt-stressed pepper and cucumber [J]. Journal of Plant Nutrition，26（4）：807-820.

Kaya C, Kimak H, Higgs D, 2001. Enhancement of growth and normal growth parameters by foliar appli-cation of pot assium and phosphorusin tomato cultivars growth at high (NaCl) salinity [J]. Journal of Plant Nutrition, 24 (2): 357 - 367.

Lambers H, Colmer T D, 2005. Root Physiology - from Gene to Function [J]. Plant & Soil, 274 (1 - 2): 7 - 15.

Munns R, Tester M, 2008. Mechanisms of salinity tolerance [J]. Annual Review of Plant Biology, 59: 651 - 681.

Severino L S, Lima R L S, Castillo N, 2014. Calcium and magnesium do not alleviate the toxic effect of so-dium on the emergence and initial growth of castor, cotton, and safflower [J]. Industrial Crops & Prod-ucts, 57: 90 - 97.

Tang H, Niu L, Wei J, et al., 2019. Phosphorus Limitation Improved Salt Tolerance in Maize Through Tissue Mass Density Increase, Osmolytes Accumulation, and Na^+ Uptake Inhibition [J]. Frontiers in plant science, 10: 856.

Xu J, Tian X, Egrinya Eneji A, et al., 2014. Functional characterization of *GhAKT1*, a novel Shaker - like K^+ channel gene involved in K^+ uptake from cotton (*Gossypium hirsutum*) [J]. Gene, 545 (1): 61 - 71.

Yang C W, Jianaer A, Li C Y, et al., 2008. Comparison of the effects of salt - stress and alkali - stress on photosynthesis and energy storage of an alkali - resistant halophyte Chloris virgata [J]. Photosynthet-ica, 46 (2): 273 - 278.

第九章 ····
微量元素对盐碱胁迫下棉花生长和离子组的影响

盐胁迫会引起细胞内渗透失衡，从而影响植物生长。目前，微量元素营养在缓解植物盐胁迫中的作用方面研究较少（Banerjee et al.，2018）。植物生存对微量元素的需求极低（Watanabe et al.，2007），在非生物胁迫条件下充当生长促进剂的微量元素对植物极为有益。有研究表明，微量元素可促进植物生长、光合作用效率，抗氧化剂系统也得到加强，研究发现适量喷施一些微量元素还可以在盐胁迫下稳定细胞壁并保持系统完整性。而明确盐碱胁迫下喷施不同微量元素对不同耐盐（碱）性棉花品种的生长和生理的影响是阐明棉花耐盐（碱）机制的基础。Zn 和 K 显著提高棉花和小麦耐盐性（Jan et al.，2017；Hatam et al.，2020）。Rahman 等（2016）报道喷施 0.5 mmol/L Mn 可以调控 NaCl 胁迫下水稻的离子稳态和抗氧化系统，提高苗期耐盐性。此外，研究发现施用适量 B（1.5 kg/hm²）提高了水稻耐盐性，产量增加，地上部 Na^+ 和 Cl^- 含量降低；但过量施 B（6.0 kg/hm²）显著抑制水稻生长和产量（Mehmood et al.，2009）。微量元素可以增强盐胁迫下植物的抗氧化系统，调节渗透平衡，提高植物耐盐性。微量元素介导植物耐盐性的机制较为复杂，目前还不完全清楚。该领域还缺乏分子和基因水平的机制研究（Banerjee et al.，2018）。本研究采用两个品种，通过喷施不同微量元素（Mo、Cu、B、Fe、Zn），从生长生理状况和离子组分布对不同处理耐盐碱性进行比较，主要讨论通过喷施不同微量元素在赋予植物抗盐胁迫能力方面的有益作用。

第一节 微量元素对盐碱胁迫下棉花生长的影响

试验材料和试验管理同第八章。

微量元素喷施试验：盐胁迫下，微量元素喷施试验设 6 个处理，即 CK（不喷施微量元素）、Mo（0.05%）、Cu（0.04%）、B（0.2%）、Fe（0.4%）、Fe＋Zn（0.4%＋0.2%）。碱胁迫下，微量元素喷施试验设 6 个处理，即 CK、Mo（0.05%）、Cu（0.04%）、B（0.2%）、Fe（0.4%）、Fe＋Zn（0.4%＋0.2%）。供试钼源为（NH_4）₂Mo_4；铜源为 $CuSO_4$；硼源为 H_3BO_3；铁源为 $FeSO_4 \cdot 7H_2O$；锌源为 $Zn_2SO_4 \cdot 7H_2O$。同时，以未添加盐碱的供试土壤为对照（不喷施微量元素）。供试棉花品种两个（耐盐品种 L24、盐敏感品种 G1）。26 个处理，每个处理重复 6 次，共 156 盆。不同微量元素的喷施浓度及微肥种类依据相关文献确定。

一、微量元素对盐碱胁迫下棉花相对生物量的影响

盐胁迫下，微量元素喷施对棉花相对生物量的影响见表 9-1。Fe＋Zn 处理对盐胁迫 L24 棉花根系相对生物量无显著影响，G1 有显著影响。与不施肥处理（CK）相比，Fe

和 Fe＋Zn 处理显著增加耐盐品种（L24）棉花整株相对生物量，分别增加 17.5％ 和 15.6％；B、Fe 处理显著增加盐敏感品种（G1）整株相对生物量，分别增加 21.8％、23.6％。盐胁迫下，L24 棉花相对生物量显著高于 G1。

表 9-1　微量元素对盐胁迫下棉花相对生物量的影响

品种	微量元素处理	棉花相对生物量			
		叶	茎	根	整株
L24	CK	0.456c	0.391d	0.249c	0.360d
	Mo	0.501ab	0.436c	0.286b	0.403c
	Cu	0.489b	0.444b	0.307a	0.405c
	B	0.493b	0.454a	0.303a	0.409bc
	Fe	0.512a	0.454bc	0.280b	0.423a
	Fe＋Zn	0.509a	0.437bc	0.224c	0.416ab
	平均	0.493A	0.434A	0.275A	0.403A
G1	CK	0.338f	0.294e	0.173d	0.292f
	Mo	0.372e	0.320d	0.184cd	0.316e
	Cu	0.420a	0.357b	0.175d	0.353b
	B	0.407b	0.377a	0.193bcd	0.356b
	Fe	0.399c	0.360b	0.275a	0.361a
	Fe＋Zn	0.385d	0.334c	0.199bc	0.332c
	平均	0.387B	0.340B	0.200B	0.335B
两因素方差分析（显著性）					
品种（V）		**	**	**	**
微量元素（M）		**	**	**	**
交互作用（M×V）		**	**	**	**

注：同一列不同小写字母表示不同磷肥喷施处理间差异显著（$P<0.05$）；不同大写字母表示不同品种间差异显著（$P<0.05$）。显著性水平中，***表示 $P<0.001$，**表示 $P<0.01$，*表示 $P<0.05$，ns 表示 $P\geqslant0.05$。下同。

　　碱胁迫下，喷施微量元素对 L24 棉花整株相对生物量影响显著（$P<0.05$），尤其 Fe 处理显著增加 L24 棉花叶和根的相对生物量，分别较 CK 处理增加 33.3％ 和 42.1％（表 9-2）。Fe 处理主要促进了 G1 棉花叶和根的生长，分别较 CK 处理增加 20.0％ 和 106.7％，但对茎相对生物量影响不显著。与盐胁迫相同，碱胁迫下 L24 棉花相对生物量显著高于 G1。

表 9-2　微量元素对碱胁迫下棉花相对生物量的影响

品种	微量元素处理	棉花相对生物量			
		叶	茎	根	整株
L24	CK	0.69c	0.66c	0.57b	0.64b
	Mo	0.82b	0.74a	0.63b	0.73a
	Cu	0.79b	0.71b	0.61b	0.70a

（续）

品种	微量元素处理	棉花相对生物量			
		叶	茎	根	整株
L24	B	0.84b	0.75a	0.64b	0.74a
	Fe	0.92a	0.66c	0.81a	0.75a
	Fe+Zn	0.85b	0.70b	0.66b	0.72a
	平均	0.82A	0.70A	0.65A	0.71A
G1	CK	0.60c	0.53d	0.45c	0.52d
	B	0.61c	0.59c	0.49bc	0.56c
	Cu	0.68ab	0.65b	0.47bc	0.59bc
	Mo	0.65bc	0.68a	0.53b	0.62b
	Fe	0.72a	0.52d	0.93a	0.72a
	Fe+Zn	0.67ab	0.59c	0.47bc	0.57c
	平均	0.66B	0.59B	0.56B	0.60B
两因素方差分析（显著性）					
品种（V）		**	**	**	**
微量元素（M）		**	**	**	**
交互作用（M×V）		*	**	**	**

二、微量元素对盐碱胁迫下棉花相对根长的影响

盐胁迫下，喷施微量元素（B、Fe、Fe+Zn）显著增加棉花相对根长（图9-1A）。耐盐品种（L24）Fe处理相对根长最大，较CK处理提高67.3%；与耐盐品种相似，盐敏感品种（G1）Fe处理相对根长最大，较CK处理提高121.7%，增加幅度高于L24。

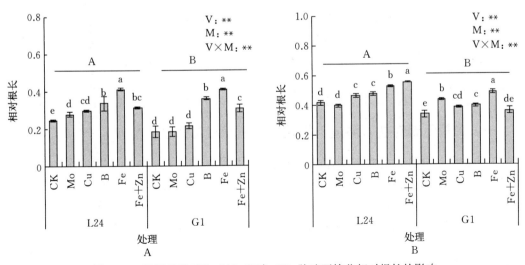

图9-1　微量元素对盐（A）和碱（B）胁迫下棉花相对根长的影响

碱胁迫下，喷施微量元素（B、Cu、Fe）显著增加棉花相对根长（图 9 - 1B）。L24 Fe＋Zn 处理相对根长最大，较 CK 处理提高 33.4％；Mo 处理无显著影响。G1 Fe 处理相对根长最大，较 CK 处理增加 45.1％。

以上结果与棉花相对生物量的变化趋势相似。这说明叶面喷施 Fe 可以促进盐碱胁迫下棉花根系的生长，其中 Fe 对盐胁迫下棉花根系生长的促进作用更明显，且对盐敏感品种的影响大于耐盐品种。

三、微量元素对盐碱胁迫下棉花相对根表面积的影响

盐胁迫下，耐盐品种（L24）棉花 Fe 处理显著促进相对根表面积，较 CK 增加 39.9％（图 9 - 2A）。喷施 Fe 显著增加盐敏感品种（G1）棉花相对根表面积，较 CK 处理增加 124.2％。从两个品种来看，喷施微量元素对盐敏感品种的影响大于耐盐品种。

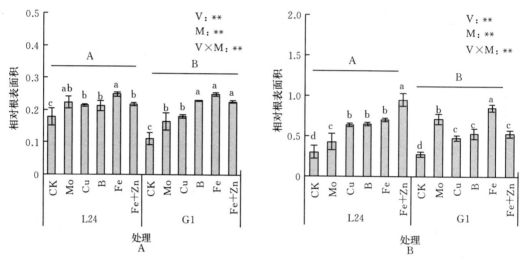

图 9 - 2　微量元素对盐（A）和碱（B）胁迫下棉花相对根表面积的影响

碱胁迫下，微量元素（B、Cu、Mo、Fe）喷施显著增加 L24 棉花相对根表面积（图 9 - 2B）；Fe＋Zn 处理相对根表面积较 CK 处理增加 211.4％。微量元素喷施显著增加 G1 棉花相对根表面积，Fe 处理相对根表面积最大，较 CK 处理增加 211.1％。

第二节　微量元素对盐碱胁迫下棉花逆境生理指标的影响

一、微量元素对盐碱胁迫下棉花叶片质膜相对透性的影响

盐胁迫下，微量元素喷施显著降低棉花叶片质膜相对透性（图 9 - 3A）。与不施肥处理（CK）相比，喷施微量元素处理耐盐品种（L24）叶片质膜相对透性降低 32.8％～49.9％，其中 Fe＋Zn 处理降幅最大。喷施微量元素处理盐敏感品种（G1）叶片质膜相对透性降低 41.0％～49.2％，其中 Mo、Cu、Fe＋Zn 处理降幅较大。

碱胁迫下，Mo 处理对 L24 棉花叶片质膜相对透性影响不显著，Cu 处理降幅最大，较 CK 处理降低 46.8％。B、Mo 处理 G1 棉花叶片质膜相对透性显著降低，较 CK 处理分别降低 35.4％、36.6％（图 9 - 3B）。

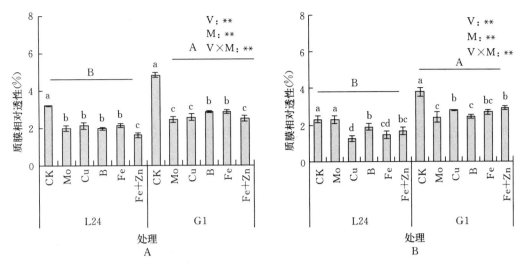

图 9-3　微量元素对盐（A）和碱（B）胁迫下棉花质膜相对透性的影响

总体上，微量元素对碱胁迫下棉花叶片质膜相对透性的影响大于盐胁迫。碱胁迫下，喷施微量元素对耐盐品种的影响大于盐敏感品种。

二、微量元素对盐碱胁迫下棉花叶片丙二醛含量的影响

盐胁迫下，微量元素喷施显著降低棉花叶片丙二醛（MDA）含量（图 9-4A）。与 CK 相比，喷施微量元素处理耐盐品种（L24）棉花叶片 MDA 含量降低 7.9%～21.7%，其中 B、Fe+Zn 处理降幅较大，分别较 CK 处理降低 21.7%、19.2%。喷施微量元素处理盐敏感品种（G1）棉花叶片 MDA 含量降低 17.6%～64.7%，其中 Mo、Fe+Zn 处理降幅较大。

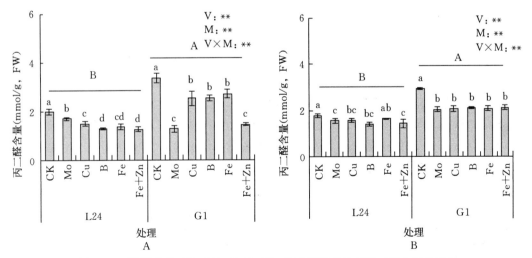

图 9-4　微量元素对盐（A）和碱（B）胁迫下棉花叶片丙二醛含量的影响

碱胁迫下，喷施 B、Fe+Zn 处理 L24 棉花叶片 MDA 含量降幅较大，分别较 CK 降低 21.7%、19.3%。喷施微量元素处理显著降低 G1 棉花叶片 MDA 含量，但 B、Cu、

Mo、Fe、Fe＋Zn 处理间差异不显著（图 9-4B）。

总体上，微量元素对盐胁迫下棉花叶片丙二醛含量的影响大于碱胁迫。碱胁迫下，喷施微量元素对耐盐品种叶片丙二醛含量的影响大于盐敏感品种。

第三节　微量元素对盐胁迫下棉花离子组相对含量的影响

一、微量元素对盐胁迫下棉花叶片离子组相对含量的影响

微量元素对盐胁迫下耐盐品种（L24）和盐敏感品种（G1）棉花叶片离子组主成分的影响如图 9-5 所示。主成分分析（PCA）结果显示，不同微量元素处理能被清楚地分离。CK 与 Fe 和 Fe＋Zn 处理在第一主成分上被很好地分离，在 L24 和 G1 中的表现分别占总变异系数的 51.4% 和 48.2%。在第一主成分上贡献最多的元素 L24 中是 P、Fe、S、Mn、Si 和 K，G1 中是 P、Fe、S 和 K。但 L24 离子组的结果在第二主成分没有被明显区分，解释了总变异系数的 18.5%；G1 的第二主成分中 CK 与 Cu 处理被明显区分，解释了总变异系数的 18.6%。在第二主成分的主要贡献元素 L24 中为 Ca、Mg，G1 中为 Ca、Cu、Mg。

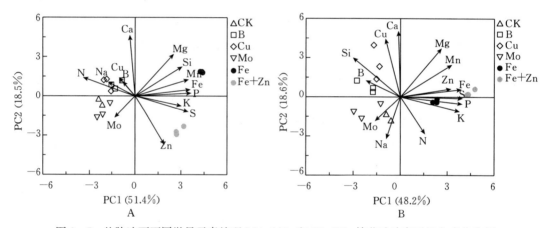

图 9-5　盐胁迫下不同微量元素处理 L24（A）和 G1（B）棉花叶片离子组主成分分析

微量元素对盐胁迫下棉花叶片离子相对含量分布的影响见表 9-3。盐胁迫下，L24 喷施 Fe＋Zn 处理能显著降低叶片中的 Na 相对含量，显著增加 P、K、S、Cu、Mn、Fe、Zn、Si 的相对含量。G1 喷施 B 处理能显著降低叶片中的 Na、P 的相对含量，增加 Ca、Cu、Mo、Zn、B、Si 的相对含量。从不同品种来看，L24 的 K 相对含量与 G1 无显著差异，其 N、P 相对含量显著高于 G1，其 Na、Ca、Mg、S、Cu、Mn、Fe、Mo、Zn、B 和 Si 相对含量显著低于 G1。

表 9-3　微量元素对盐胁迫下棉花叶片离子组相对含量的影响

品种	微量元素处理	叶片离子相对含量													
		Na	N	P	K	Ca	Mg	S	Cu	Mn	Fe	Mo	Zn	B	Si
L24	CK	25.41a	1.17a	0.26d	0.73c	0.84a	0.77b	0.40b	0.60d	0.71d	0.79de	0.41b	0.70c	0.74bc	0.61c
	Mo	14.45b	1.06b	0.44d	0.59d	0.83a	0.72b	0.37b	1.52c	0.73d	0.63e	22.73a	0.82c	0.90b	0.56c

（续）

品种	微量元素处理	叶片离子相对含量													
		Na	N	P	K	Ca	Mg	S	Cu	Mn	Fe	Mo	Zn	B	Si
L24	Cu	15.67b	1.12ab	0.80c	0.40e	0.88a	0.75b	0.36b	35.75a	0.85c	2.05c	0.77b	0.94bc	0.56c	1.13b
	B	13.73b	1.11ab	0.93c	0.49e	0.88a	0.75b	0.41b	0.62d	0.93c	1.33d	0.80b	0.61c	2.72a	1.14b
	Fe	11.51b	0.81c	4.91a	0.98a	0.90a	0.92a	0.73a	1.91b	1.38a	33.32a	0.86b	1.51b	0.76bc	1.95a
	Fe+Zn	14.02c	0.76c	3.54b	0.87b	0.76b	0.74b	0.80a	1.54c	1.10b	19.50b	0.98b	22.99a	0.71bc	1.20b
	平均	15.80B	1.00A	1.81A	0.68A	0.85B	0.77B	0.51B	6.99B	0.95B	9.61B	4.42B	4.60B	1.07B	1.10B
G1	CK	37.30a	0.98a	1.27c	0.55c	0.87a	0.81c	0.43c	0.77d	1.05b	1.13f	1.10b	0.95c	0.94d	1.74d
	Mo	22.52bc	0.82a	0.94d	0.57c	0.87a	0.79c	0.43c	1.49c	0.99b	1.63e	85.31a	0.97c	1.43b	4.42b
	Cu	22.99b	0.82a	0.74de	0.38d	0.95a	0.91ab	0.41c	70.18a	1.20a	4.00c	2.21b	1.31bc	1.15c	4.91a
	B	23.41d	0.83a	0.53e	0.54c	0.94a	0.81c	0.42c	1.38cd	1.05b	2.15d	1.48b	1.06c	5.49a	4.06c
	Fe	19.11bcd	0.89a	2.55b	0.95b	0.89a	0.86bc	0.68b	1.97c	1.31a	21.62b	1.44b	1.90b	0.77e	1.28e
	Fe+Zn	18.56cd	0.91a	3.78a	1.16a	0.91a	0.94a	0.78a	3.39b	1.30a	29.14a	1.18b	38.22a	0.28f	1.70d
	平均	22.59A	0.88B	1.63B	0.69A	0.90A	0.85A	0.53A	13.20A	1.15A	9.95A	15.45A	7.40A	1.68A	3.02A
两因素方差分析（显著性）															
品种（V）		**	**	**	ns	**	**	*	**	**	**	**	**	**	**
微量元素（M）		**	**	**	**	**	**	**	**	**	**	**	**	**	**
交互作用(V×M)		**	**	**	ns	**	**	ns	**	**	**	**	**	**	**

二、微量元素对盐胁迫下棉花茎秆离子组相对含量的影响

微量元素对盐胁迫下棉花茎秆离子组的主成分分析如图9-6所示。主成分分析结果显示，不同微量元素处理能被清楚地分离。不同微量元素处理在第一主成分上被很好地分离，L24和G1在茎秆中的表现分别占总变异系数的49.4%和52.4%。L24中在第一主成分上贡献最多的元素是S、Mn、N和Fe，G1中是P、S、Zn和Mn。不同微量元素处理在第二主成分上被很好地分离，L24和G1中分别解释了总变异系数的15.8%和15.4%。对第二主成分贡献最大的元素L24中是Cu、Mg、B和P，G1中是Na、Mg和Cu。

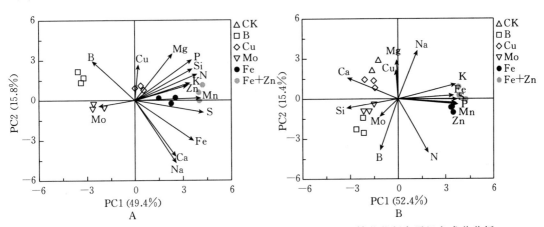

图9-6 盐胁迫下不同微量元素处理L24（A）和G1（B）棉花茎秆离子组主成分分析

微量元素对盐胁迫下棉花茎秆离子相对含量分布的影响见表 9-4。茎秆中，L24 的 Fe 处理 Na 相对含量没有显著变化，其他处理 Na 相对含量均显著降低，其中 B 处理降低最显著，而 B 处理增加茎秆中 P、Cu、Mo、B 相对含量的积累。G1 茎秆中 Na 相对含量 B 处理降低最显著，B 处理增加 N、P、B、Si 的相对含量。从两个不同品种来看，L24 中的 Ca 和 Zn 相对含量与 G1 无明显差异，L24 中 P、B 和 Si 相对含量显著高于 G1，Na、N、K、Mg、S、Cu、Mn、Fe 和 Mo 相对含量显著低于 G1。

表 9-4　微量元素对盐胁迫下棉花茎秆离子组相对含量的影响

品种	微量元素处理	茎秆离子相对含量													
		Na	N	P	K	Ca	Mg	S	Cu	Mn	Fe	Mo	Zn	B	Si
L24	CK	11.70a	0.73bc	0.17d	0.44c	1.20a	0.74bc	0.79c	0.25c	0.85c	3.13a	1.09cd	0.75b	1.14b	1.46d
	Mo	8.70b	0.77b	0.82c	0.48c	0.88c	0.71c	0.77c	0.36bc	0.75c	1.05e	17.81a	0.77b	1.02b	1.73d
	Cu	9.69b	1.02a	1.45b	0.47c	1.06b	0.85a	0.78c	2.67a	0.79c	2.11b	1.61c	0.85b	1.11b	2.55c
	B	6.58c	0.69c	0.71c	0.50c	0.84c	0.78abc	0.64d	0.61b	0.67c	0.44e	2.93b	0.62c	1.73a	1.74d
	Fe	11.25a	1.02a	1.20c	0.87c	1.02b	0.82a	0.90c	0.36bc	1.08b	2.36b	0.84d	0.82b	1.01b	3.57a
	Fe+Zn	9.83b	1.05a	3.00a	0.77b	1.08b	0.81ab	1.02a	0.52bc	1.45a	3.51a	0.83d	8.96a	1.03b	3.00b
	平均	9.63B	0.88B	1.22A	0.59B	1.01A	0.78B	0.82B	0.79B	0.93B	2.10B	4.19B	2.13A	1.17A	2.34A
G1	CK	19.02a	0.86c	0.05e	0.73b	1.02ab	0.93a	0.73c	0.60cd	0.89c	1.71d	1.59c	0.61e	0.98b	1.21c
	Mo	10.41c	1.19ab	0.17d	0.64c	1.07a	0.90a	0.76c	0.39d	1.01c	1.46d	22.78a	1.09c	0.99b	1.19c
	Cu	10.15c	1.02bc	0.39c	0.63c	1.11a	0.93a	0.85b	3.86a	1.22c	1.20d	1.87bc	0.94cd	0.88b	1.69b
	B	9.26d	1.23a	0.18d	0.59c	0.97b	0.88a	0.74c	0.41d	1.02c	1.17d	2.08bc	0.76de	1.67a	1.99a
	Fe	13.68b	1.35a	1.17d	0.86a	0.66d	0.86a	1.11a	1.07bc	1.83b	4.34b	2.44b	3.78b	1.03b	0.34e
	Fe+Zn	14.35b	1.20ab	1.46a	0.88a	0.85c	0.92a	1.16a	1.17b	2.07a	8.27a	1.92bc	5.01a	0.99b	0.78d
	平均	12.81A	1.14A	0.57B	0.72A	0.95A	0.90A	0.89A	1.25A	1.34A	3.03A	5.45A	2.03A	1.09B	1.20B
两因素方差分析（显著性）															
品种（V）		**	**	**	**	ns	**	**	**	**	**	**	ns	**	**
微量元素（M）		**	**	**	**	**	*	**	**	**	**	**	**	**	**
交互作用(V×M)		**	**	**	**	**	ns	**	**	**	**	**	**	ns	**

三、微量元素对盐胁迫下棉花根系离子组相对含量的影响

微量元素对盐胁迫下棉花根系离子组的主成分分析如图 9-7 所示。主成分分析结果显示，不同微量元素处理能被明显区分。不同处理在第一主成分上被很好地分离，L24 和 G1 的表现分别占总变异系数的 62.2% 和 57.4%（图 9-7）。在第一主成分上贡献最多的元素 L24 中是 Fe、Ca、Mg、S、Mn 和 Zn，G1 中是 Ca、Fe、P、Mn、Mg 和 S。不同处理在第二主成分上被很好地分离，在 L24 和 G1 的离子组中分别解释了总变异系数的 16.8% 和 17.7%。对第二主成分贡献最大的元素 L24 中是 Mo、P，G1 中是 B、N、Zn 和 K。

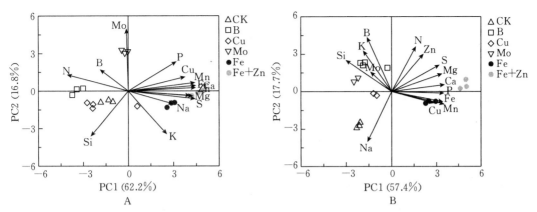

图 9-7 盐胁迫下不同微量元素处理 L24 (A) 和 G1 (B) 棉花根系离子组主成分分析

微量元素对盐胁迫下棉花根系离子相对含量分布的影响见表 9-5。根系中,喷施微量元素均显著降低两个品种中的 Na 相对含量,其中 L24 中 Cu 处理降幅最大,Cu 处理显著增加 L24 根系中的 P、K、Cu、Mo、Si 相对含量;G1 中 Fe 处理 Na 相对含量降幅最大,Fe 处理可以显著增加根系中的 P、Ca、Mg、S、Cu、Mn、Fe、Zn 相对含量。从两个不同品种来看,L24 中的 S 相对含量与 G1 无显著差异,L24 中的 P、K、Mg、Mn、Fe和 Mo 相对含量显著高于 G1,Na、N、Ca、Cu、Zn、B 和 Si 相对含量显著低于 G1。

表 9-5 微量元素对盐胁迫下棉花根系离子组相对含量的影响

品种	微量元素处理	根系离子相对含量													
		Na	N	P	K	Ca	Mg	S	Cu	Mn	Fe	Mo	Zn	B	Si
L24	CK	4.08a	0.89b	0.68e	0.55e	0.77c	0.76c	0.76b	0.37e	0.70d	0.67d	1.00c	0.58c	0.93d	1.47b
	Mo	3.36d	0.91ab	1.50ab	0.48f	0.84c	0.78b	0.81b	0.50c	0.81c	0.80c	65.93a	0.67c	1.41b	0.16d
	Cu	2.89f	0.96ab	1.10cd	0.68c	0.70c	0.70d	0.74b	0.45d	0.50e	0.43e	1.43b	0.56c	0.87d	2.88a
	B	3.03e	0.98a	0.84de	0.65d	0.64d	0.77b	0.67c	0.35f	0.54e	0.43e	1.38bc	0.33d	2.14a	1.58b
	Fe	3.95b	0.59d	1.25bc	0.84a	0.94b	0.92a	1.03a	0.52b	0.93b	1.00b	1.18bc	0.98b	1.10c	1.02c
	Fe+Zn	3.81c	0.67c	1.63a	0.76b	1.14a	0.97a	1.02a	0.55a	1.20a	1.31a	1.01c	2.01a	1.03c	0.84c
	平均	3.52B	0.83B	1.17A	0.66A	0.84B	0.82A	0.84A	0.46B	0.78A	0.77A	11.99A	0.86B	1.25B	1.33B
G1	CK	6.53a	0.93de	0.28c	0.58c	0.72d	0.72e	0.65f	0.50b	0.63c	0.64c	1.07c	0.73c	1.04c	4.14c
	Mo	3.13c	1.09b	0.32c	0.57cd	0.79c	0.71e	0.69e	0.42b	0.46e	0.42e	48.06a	2.19c	1.55b	10.26a
	Cu	2.99cd	0.90e	0.30c	0.62b	0.79c	0.76d	0.75d	0.77a	0.58d	0.51d	1.92b	2.74b	1.16c	8.51b
	B	3.33b	1.07bc	0.31c	0.70a	0.81c	0.82c	0.87c	0.45b	0.49e	0.38f	1.44cd	1.87cd	2.90a	8.31b
	Fe	2.68e	1.00cd	0.87b	0.53e	1.17b	0.89b	0.95b	0.74a	0.87b	0.93b	1.32de	1.65d	1.01c	0.92d
	Fe+Zn	2.90d	1.16a	0.93a	0.55d	1.29a	0.96a	1.03a	0.82a	1.14a	1.54a	1.76bc	3.69a	1.02c	0.72d
	平均	3.59A	1.03A	0.50B	0.59B	0.93A	0.81B	0.82A	0.62A	0.70B	0.74B	9.26B	2.14A	1.45A	5.48A

两因素方差分析（显著性）															
品种 (V)		*	**	**	**	**	**	ns	**	**	**	**	**	**	**
微量元素 (M)		**	**	**	**	**	**	**	**	**	**	**	**	**	**
交互作用 (V×M)		**	**	**	**	**	**	**	**	**	**	**	**	**	**

第四节 微量元素对碱胁迫下棉花离子组相对含量的影响

一、微量元素对碱胁迫下棉花叶片离子组相对含量的影响

微量元素对碱胁迫下棉花叶片离子组的主成分分析如图9-8所示。主成分分析结果显示，不同微量元素处理能被明显地区分。不同微量元素处理在第一主成分上被很好地分离，在L24和G1中的表现分别占总变异系数的36.7%和39.4%（图9-8）。在第一主成分上贡献最多的元素L24中是P、Mn、S，G1中是Mn、S、N、Ca、Na、Mg。不同微量元素处理在第二主成分上被很好地分离，在L24和G1中的表现分别占总变异系数的23.0%和24.3%。对第二主成分贡献最大的元素L24中是Mg、Ca、Fe、Zn，G1中是P、Fe、Zn。

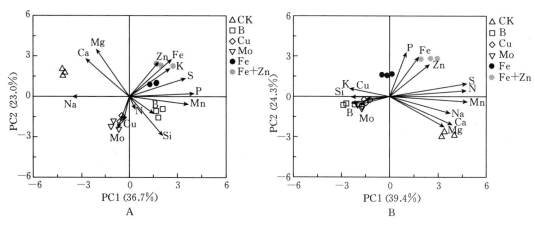

图9-8 碱胁迫下不同微量元素处理L24（A）和G1（B）棉花叶片离子组主成分分析

微量元素对碱胁迫下棉花叶片离子相对含量分布的影响见表9-6。L24中施Fe处理能显著降低叶片中的Na相对含量，同时显著增加叶片中的P和Fe的相对含量。G1中施B处理能显著降低叶片中的Na相对含量，同时显著增加叶片中的B和Si的相对含量。从不同品种来看，L24中的Fe和Zn相对含量与G1无明显差异，L24中的P、S、Mn、B和Si相对含量显著高于G1，Na、N、K、Ca、Mg、Cu和Mo相对含量显著低于G1。

表9-6 微量元素对碱胁迫下棉花叶片离子组相对含量的影响

品种	微量元素处理	叶片离子相对含量													
		Na	N	P	K	Ca	Mg	S	Cu	Mn	Fe	Mo	Zn	B	Si
L24	CK	20.56a	0.79cd	0.94c	1.14d	0.58a	0.69a	1.08d	0.76b	1.51e	1.12c	2.53cd	1.12d	1.00b	1.09c
	Mo	16.77bc	0.81bc	2.63b	1.14c	0.46d	0.50e	1.08d	1.85b	1.66c	2.46c	34.22a	1.26cd	0.93bc	1.81b
	Cu	17.78b	0.85a	2.82b	1.27d	0.48c	0.51d	1.14c	59.24a	1.59d	3.89b	2.73cd	2.35b	0.89c	2.38a
	B	15.96bc	0.79cd	5.14a	1.16d	0.49bc	0.54c	1.40a	1.05b	1.81a	2.52c	2.48d	0.91d	7.44a	2.33a
	Fe	14.19c	0.77d	4.61a	1.31b	0.49bc	0.54c	1.24b	1.64b	1.75b	26.94a	3.61b	1.65c	0.97bc	1.55b
	Fe+Zn	15.32bc	0.83ab	4.78a	1.35a	0.50b	0.61b	1.40a	1.86b	1.70c	27.50a	2.79c	28.55a	0.95bc	1.73b
	平均	16.76B	0.81B	3.49A	1.23B	0.50B	0.56B	1.22A	11.07B	1.67A	10.74A	8.06B	5.98A	2.03A	1.81A

（续）

品种	微量元素处理	叶片离子相对含量													
		Na	N	P	K	Ca	Mg	S	Cu	Mn	Fe	Mo	Zn	B	Si
G1	CK	33.29a	0.93a	1.10e	1.33d	0.66a	0.84a	1.16a	0.96c	1.71a	2.38c	3.37cd	1.05cd	0.72b	1.11bc
	Mo	25.46bc	0.86bc	1.83c	1.46b	0.50b	0.63cd	0.97d	1.54bc	1.30c	1.69c	45.57a	0.79d	0.47c	1.27b
	Cu	24.98cd	0.86bc	1.90c	1.48a	0.49cd	0.63c	1.02c	65.70a	1.33c	2.03c	4.55b	0.89cd	0.53c	1.00cd
	B	16.82e	0.83c	1.66d	1.36cd	0.46cd	0.68b	0.98cd	1.33bc	1.29c	3.73b	3.04d	1.30bc	6.87a	1.53a
	Fe	25.94b	0.88b	3.10b	1.41bc	0.45d	0.60d	1.08b	3.76b	1.50b	27.24a	3.92c	1.57b	0.51c	1.66a
	Fe＋Zn	24.44d	0.93a	3.86a	1.38cd	0.51b	0.66b	1.21a	2.51bc	1.53b	28.05a	3.18d	30.32a	0.66b	0.90d
	平均	25.16A	0.88A	2.24B	1.40A	0.51A	0.67A	1.07B	12.63A	1.44B	10.85A	10.61A	5.99A	1.63B	1.24B
两因素方差分析（显著性）															
品种（V）		**	**	**	**	**	**	**	**	**	ns	**	ns	**	**
微量元素（M）		**	**	**	**	**	**	**	**	**	**	**	**	**	**
交互作用（V×M）		**	**	**	**	**	**	**	**	**	**	**	**	**	**

二、微量元素对碱胁迫下棉花茎秆离子组相对含量的影响

不同微量元素对棉花茎秆离子组的主成分分析如图 9-9 所示。主成分分析结果显示，不同微量元素处理能被明显区分。不同处理在第一主成分上被很好地分离，在 L24 和 G1 中的表现分别占总变异系数的 34.0％和 39.3％。在第一主成分上贡献最多的元素 L24 中是 Zn、K、Mg、Fe，G1 中是 Mg、Ca、Na、Si。不同处理在第二主成分上被很好地分离，在 L24 和 G1 中分别解释了总变异系数的 22.2％和 22.4％。对第二主成分贡献最大的元素 L24 中是 Mn、N、S、P，G1 中是 P、Mn、Zn、K。

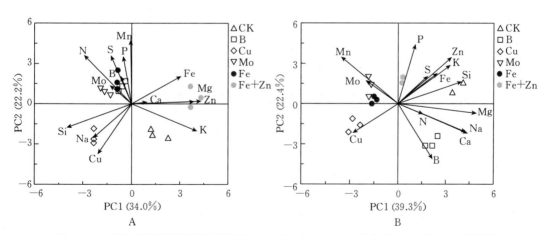

图 9-9　碱胁迫下不同微量元素处理 L24（A）和 G1（B）棉花茎秆离子组主成分分析

微量元素对碱胁迫下棉花茎秆离子相对含量分布的影响见表 9-7。L24 和 G1 中施 Fe＋

Zn 处理均能显著降低茎秆中的 Na 相对含量，同时增加 L24 中 P、K、Mg、Fe、Zn 的相对含量，增加 G1 中 N、K、S、Mn 的相对含量。从两个不同品种来看，L24 中 N 相对含量与 G1 无显著差异，P、K、Mn、B 和 Si 相对含量高于 G1，Na、Ca、Mg、S、Cu、Fe、Mo、Zn 相对含量低于 G1。

表 9-7 微量元素对碱胁迫下棉花茎秆离子组相对含量的影响

品种	微量元素处理	茎秆离子相对含量													
		Na	N	P	K	Ca	Mg	S	Cu	Mn	Fe	Mo	Zn	B	Si
L24	CK	12.33a	0.81d	1.42a	0.91a	0.52a	0.75ab	0.92d	0.77a	1.46de	1.03c	1.24b	2.44b	2.25b	1.97d
	Mo	10.45b	0.95ab	1.59a	0.71c	0.52a	0.72cd	1.02c	0.35d	1.68b	1.08c	9.72a	0.46d	2.25b	2.76b
	Cu	10.21c	0.89bc	1.49a	0.78b	0.50ab	0.68e	1.03c	5.15a	1.38e	0.55d	0.81c	0.33d	2.23bc	3.46a
	B	4.74e	0.91b	1.65a	0.77b	0.48b	0.73bc	1.19a	0.48cd	1.54cd	0.44d	1.05b	0.77cd	16.47a	2.00d
	Fe	10.10c	0.98a	1.81a	0.77b	0.51ab	0.69de	1.07c	0.56b	1.77a	2.08b	0.77c	1.08c	2.26bc	2.51c
	Fe+Zn	7.36d	0.83cd	1.59a	0.92a	0.51a	0.76a	1.03c	0.54c	1.58c	2.75a	1.21b	6.56a	2.13c	1.43e
	平均	9.20B	0.89A	1.59A	0.81A	0.50B	0.72B	1.04B	1.31B	1.57A	1.32B	2.47B	1.94B	4.59A	2.36A
G1	CK	32.22a	0.88bc	1.47a	0.84ab	1.25a	0.95a	1.08b	0.73b	1.25b	6.50a	0.90d	17.24a	1.42b	1.07a
	Mo	16.33f	0.82c	1.51a	0.82bc	0.61bc	0.81c	1.05b	0.76b	1.52a	1.63d	16.009a	3.88c	1.33b	0.36b
	Cu	19.65d	0.87bc	1.11c	0.71d	0.67ab	0.79c	1.05b	8.51a	1.53a	1.57d	2.15b	1.89d	1.01b	0.21c
	B	29.01b	0.95ab	1.15bc	0.81c	1.20a	0.93a	1.08b	0.69b	0.94c	3.14c	1.74bc	1.54d	14.10a	0.40b
	Fe	20.46c	0.84bc	1.26bc	0.73d	0.59bc	0.79c	1.05b	0.81b	1.64a	6.84a	1.38c	2.06d	1.44b	0.41b
	Fe+Zn	16.82e	1.00a	1.33ab	0.87a	0.58a	0.84b	1.15a	0.84b	1.57a	5.45b	1.72bc	12.21b	1.49b	0.38b
	平均	22.41A	0.89A	1.30B	0.80B	0.82A	0.85A	1.08A	2.06A	1.41B	4.19A	3.98A	6.47A	3.46B	0.47B
两因素方差分析（显著性）															
品种（V）		**	ns	**	*	**	**	**	**	**	**	**	**	**	**
微量元素（M）		**	ns	ns	**	**	**	**	**	**	**	**	**	**	**
交互作用（V×M）		**	**	*	**	**	**	**	**	**	**	**	**	**	**

三、微量元素对碱胁迫下棉花根系离子组相对含量的影响

不同微量元素对碱胁迫下棉花根系离子组的主成分分析如图 9-10 所示。主成分分析结果显示，不同微量元素处理能被明显地区分。不同微量元素处理在第一主成分上被很好地分离，在 L24 和 G1 中的表现分别占总变异系数的 40.6% 和 41.2%（图 9-10）。在第一主成分上贡献最多的元素 L24 中是 Fe、Ca、Mn、P、Mo、S、Mg，G1 中是 S、Mg、N、K、P。不同微量元素处理在第二主成分上被很好地分离，在 L24 和 G1 中的表现分别解释了总变异系数的 26.0% 和 21.9%。对第二主成分贡献最大的元素 L24 中是 Na、Si，G1 中是 Mo、Mn。

微量元素对碱胁迫下棉花根系离子相对含量分布的影响见表 9-8。L24 中施 Fe+Zn

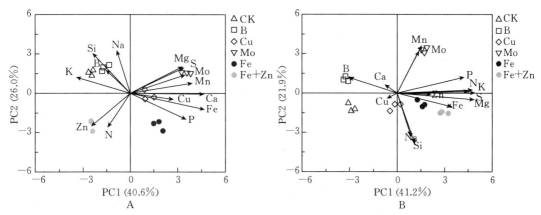

图 9-10　碱胁迫下不同微量元素处理 L24（A）和 G1（B）棉花根系离子组主成分分析

处理能显著降低根系中的 Na 相对含量，同时增加了根系中 N、Zn 的相对含量。G1 中施 B 和 Mo 均能显著降低根系中的 Na 相对含量，同时增加 N、K、Ca、Cu、Zn 的相对含量。不同品种棉花根中元素的相对含量也有很大差异。其中，L24 中 N、P、Mg、S、Mo、B 和 Si 高于 G1，Na、K、Ca、Cu、Mn、Zn 相对含量低于 G1。

表 9-8　微量元素对碱胁迫下 L24 和 G1 棉花根系离子组含量的影响

品种	微量元素处理	根系离子相对含量													
		Na	N	P	K	Ca	Mg	S	Cu	Mn	Fe	Mo	Zn	B	Si
L24	CK	2.83a	0.46c	1.04c	0.49a	0.48c	0.54c	0.52e	0.28c	0.38e	0.25d	1.35b	0.31c	2.13b	5.02a
	Mo	2.57b	0.48bc	1.65b	0.35c	0.59a	0.64a	0.62b	0.52b	1.01a	0.37a	16.48a	0.22d	1.99b	3.80b
	Cu	1.55e	0.54b	1.66b	0.50a	0.51b	0.62b	0.64a	1.09a	0.71b	0.33b	1.46b	0.39b	1.98b	3.83b
	B	2.33c	0.52bc	1.20c	0.46b	0.46d	0.61b	0.58c	0.30c	0.57c	0.25d	1.37b	0.27cd	14.09a	4.51a
	Fe	1.40f	0.53bc	2.52a	0.30d	0.57a	0.55c	0.53d	0.53b	0.54d	0.37a	1.59b	0.32c	2.04b	2.87c
	Fe+Zn	1.65d	0.66a	1.20c	0.46b	0.45d	0.53c	0.48f	0.32c	0.58c	0.28c	1.47b	1.04a	2.11b	3.39bc
	平均	2.05B	0.53A	1.54A	0.42B	0.51B	0.58A	0.56A	0.51B	0.63B	0.31B	3.95A	0.42B	4.06A	3.90A
G1	CK	7.33a	0.28d	0.95d	0.21d	0.09d	0.38e	0.27e	2.17d	0.75b	4.03c	1.23b	0.41c	0.41c	2.45b
	Mo	5.72c	0.55a	1.34a	0.51b	0.10c	0.50c	0.50b	2.53c	0.94b	5.08b	8.15a	0.80b	0.41c	1.49c
	Cu	6.30b	0.48b	1.27b	0.39c	0.11b	0.44d	0.44d	5.63a	0.63d	5.54b	1.24b	0.39c	0.53b	2.68a
	B	5.64c	0.33c	1.07c	0.36d	0.12a	0.35f	0.27e	2.97b	0.71c	4.15b	1.13b	0.88b	5.63a	1.83c
	Fe	6.66b	0.57a	1.24b	0.52b	0.12a	0.52b	0.490c	1.79e	0.69c	7.39a	0.87c	0.31c	0.46c	2.39b
	Fe+Zn	7.31a	0.57a	1.27b	0.67a	0.09d	0.57a	0.54a	2.36cd	0.75b	5.66b	1.11b	1.76a	0.42c	2.97ab
	平均	6.50A	0.46B	1.19B	0.44A	0.10A	0.46B	0.42B	2.91A	0.74A	5.31A	2.29B	0.76A	1.31B	2.30B
两因素方差分析（显著性）															
品种（V）		**	**	**	**	**	**	**	**	**	**	**	**	**	**
微量元素（M）		**	**	**	**	**	**	**	**	**	**	**	**	**	**
交互作用（V×M）		**	**	**	**	**	**	**	**	**	**	**	**	**	**

　　生物量是植物对盐胁迫的直接反映，质膜遭受到一定的损伤，对离子的选择透过性降低，增加了电解质的外渗（林兴生等，2013）。盐碱胁迫下，除碱胁迫下 L24 喷施 Mo 元素对质膜相对透性的影响不显著，喷施其他微量元素均显著降低两个品种的质膜相对透性，其中盐胁迫下，L24 中 Fe＋Zn 处理降幅最大，G1 中 Mo、Fe＋Zn 处理降幅最大，G1 降幅高于 L24。碱胁迫下，L24 喷施 Cu 降低质膜相对透性最显著，G1 喷施 Mo 和 B 质膜相对透性降幅最显著。因此，喷施这些微量元素，可能是促进相对生物量增幅的原因。丙二醛是能够反映质膜脂质过氧化作用强度的重要衡量标志（韩建秋，2010）。本研究表明，除碱胁迫下 L24 喷施 Fe 元素对丙二醛的影响不显著，喷施其他微量元素能显著降低盐碱胁迫下棉花丙二醛含量，但部分处理间差异不显著。盐胁迫下，耐盐品种 L24 喷施 B 和 Fe＋Zn 处理丙二醛含量降幅最大，盐敏感品种 G1 中 Mo、Fe＋Zn 处理降幅最大。碱胁迫下，Cu 和 Fe＋Zn 处理能显著降低 L24 丙二醛含量。喷施这些元素能显著提高棉花相对生物量，说明受胁迫后，可能通过喷施微量元素激活 L24 酶保护系统机制，减少质膜过氧化作用发生。

　　Mo、Fe、Zn、Cu、B、Si 是植株必需的微量营养元素，它们对植物的生长发育起着重要作用。施入微量元素可以改善植物生长过程中微量元素的吸收和转运（Amiri et al.，2014；Cakmak et al.，2018；Rapp et al.，2018）。施加一种微量元素可以引起其他元素吸收和含量的变化，微量元素之间存在一定的激发和拮抗效应。有研究发现，在马铃薯苗期叶面喷施 Fe、Mn 肥，茎中 Fe 和 Mn 微量元素的积累也得到了显著的提高。本研究发现，喷施微量元素能降低棉花各器官 Na 相对含量，同时增加相应微量元素的相对含量，促进作物对其他元素的吸收。通过根、茎、叶离子变化发现，盐胁迫下显著降低耐盐品种中 P、Mg、Cu、Mn、Fe、Zn、B、Si 的相对含量，喷施 Fe 可以显著促进这些元素的积累。盐胁迫显著降低盐敏感品种 S、Cu、Mo、Zn、B 相对含量，喷施 B 能显著促进这些元素的积累。碱胁迫显著降低耐盐品种 P、K、S、Mn、Fe、Zn、Si 相对含量，喷施 Fe 处理可以显著促进这些元素的积累。碱胁迫显著降低盐敏感品种 P、K、Cu、Fe 相对含量，喷施 Fe 处理可以显著促进这些元素的积累。喷施不同处理对棉花离子相对含量影响并不相同，且不同品种棉花的耐盐机理也存在差异，有待进一步的研究。

主要参考文献

韩建秋，2010. 水分胁迫对白三叶叶片脂质过氧化作用及保护酶活性的影响 ［J］. 安徽农业科学，38（23）：12325-12327.

林兴生，林占熺，林辉，等，2013. 五种菌草苗期对碱胁迫的生理响应及抗碱性评价 ［J］. 植物生理学报，49（2）：167-174.

Amiri S B，Ozturk L，Yazici A，et al.，2014. Inclusion of urea in a [59]FeEDTA solution stimulated leaf penetration and translocation of ^{59}Fe within wheat plants ［J］. Physiologia Plantarum，151（3）：348-357.

Banerjee A，Roychoudhury A，2018. Role of beneficial trace elements in salt stress tolerance of plants ［J］. Plant nutrients and abiotic stress tolerance：377-390.

Cakmak I，Kutman U B，2018. Agronomic biofortification of cereals with zinc：a review ［J］. European Jounal of Soil Science，69：172-180.

Jan A U，Hadi F，Midrarullah，et al.，2017. Potassium and zinc increase tolerance to salt stress in wheat（*Triticum aestivum* L.）［J］. Plant Physiology and Biochemistry：139－149.

Hatam Z，Sabet M S，Malakouti M J，et al.，2020. Zinc and potassium fertilizer recommendation for cotton seedlings under salinity stress based on gas exchange and chlorophyll fluorescence responses［J］. South African Journal of Botany，130：155－164.

Mehmood E，2009. Is boron required to improve rice growth and yield in saline environment?［J］. Pakistan Journal of Botany，41（3）：1339－1350.

Rahman A，Hossain M S，Mahmud J A，et al.，2016. Manganese－induced salt stress tolerance in rice seedings：regulation of ion homeostasis，antioxidant defense and glyoxalase systems［J］. Physiology & Molecular Biology of Plants，22（3）：1－16.

Rapp M，Lein V，Lacoudre F，et al.，2018. Simulataneous improvement of grain yield and protein content in durum wheat by different phenotypic indices and genomic selection［J］. Theoretical and Applied Genetics，131：1315－1329.

Watanabe T，Broadley M R，Jansen S，et al.，2007. Evolutionary control of leaf element composition in plants［J］. New Phytol，174：516－523.

第十章 • • •
棉花 Na^+ 转运相关基因表达对磷和微量元素的响应

Na^+ 是盐渍条件下造成植物离子毒害的主要离子。维持细胞内 K^+ 和 Na^+ 稳态对于植物耐盐碱至关重要（Zhu，2003）。盐碱胁迫下，有很多基因参与棉花 Na^+ 和 K^+ 转运调控。研究棉花 Na^+、K^+ 转运调控相关基因表达对于揭示棉花耐盐机制具有重要意义。

质膜 Na^+/H^+ 逆向转运蛋白基因 *SOS1*，在 Na^+ 外排中起着关键作用，控制 Na^+ 从根到茎、叶的长距离运输（Shi，2002）。研究表明 NaCl（200 mmol/L）胁迫下，棉花 *Gh-SOS1* 基因表达上调，降低 MDA 含量和 Na^+/K^+，提高棉花耐盐性（Chen et al.，2017）。液泡 Na^+/H^+ 逆向转运蛋白基因 *NHX1*，可以调控植物的 Na^+ 区隔化，消除 Na^+ 在细胞质中伤害。盐胁迫下，拟南芥叶片中 *AtNHX1* 基因过量表达显著提高液泡中区隔化的 Na^+ 浓度（Apse et al.，1999）。研究发现，从棉花中克隆的 *GhNHX1* 基因，能够提高转基因烟草和水稻的耐盐性（杨国栋，2007）。

GhAKT1 基因是 K^+ 通过根系向地上部运输的主要通道基因（Xu et al.，2014）。通常 K^+ 的高亲和吸收是由转运蛋白介导，K^+ 的低亲和吸收是由 K^+ 离子通道介导（赵春梅等，2012）。研究表明，棉花 *GhAKT1* 基因主要在叶片表达，*GhAKT1* 基因过量表达可促进 K^+ 积累（徐娟，2014）。盐胁迫条件下，V－PPase（膜结合焦磷酸酶）为液泡中离子和其他溶质的积累提供驱动力，在提高植物耐盐性方面起着重要作用（Sze et al.，1992）。*AVP1* 基因过量表达，显著提高拟南芥液泡中 Na^+ 和 K^+ 浓度，提高拟南芥耐盐性。研究表明，*GhVP1* 基因主要在棉花叶片中表达，对于提高棉花耐盐性有积极作用（赵小洁等，2016）。

本研究通过对 Na^+、K^+ 转运调控相关基因（*GhSOS1*、*GhNHX1*、*GhAKT1*、*GhVP1*）表达量的测定，阐明盐碱胁迫下棉花相关基因表达对喷施磷和微量元素的响应，探讨叶面喷施磷和微量元素对盐碱胁迫下棉花维持 K^+ 和 Na^+ 稳态的调控机制。

第一节　*GhSOS1* 基因表达

试验材料和试验管理同第八章，试验设计同第九章。

K^+/Na^+ 转运相关基因相对表达量测定：采用比较 CT 法（△△CT）（Licak et al.，2001）进行 K^+/Na^+ 转运相关基因（*GhSOS1*、*GhAKT1*、*GhVP1*、*GhNHX1*）的相对定量分析。使用试剂盒提取 RNA，Thermo 试剂盒反转录取得 cDNA，以 *GAPDH* 作为内参基因，根据棉花各基因的非保守区设计特异性引物（表 10-1），进行荧光定量 PCR 扩增，检测每份样品目的基因和内参基因的 Ct 值（循环阈值），每份样品 3 次重复，并且进行 3 次独立的实验。

表 10-1　目的基因定量分析所用引物信息

引物名称	引物序列 (5′-3′) F	引物序列 (5′-3′) R
VBQ14-S/A	CAACGCTCCATCTTGTCCTT	CAACGCTCCATCTTGTCCTT
SOS1-S/A	TGGTGTTGTCAAGAGTGGAAGA	CAAGCCCAACGTACTCCCAT
AKT1-S/A	TTCTATTACCGTATTGCTGCGAG	GGATGTAAATCACCATAGCCCAC
NHX1-S/A	TGTTAGTGCTGTGCTGATGGGTC	TGTTAGTGCTGTGCTGATGGGTC
VP-S/A	GAAGATGACCCAAGAAACCCAG	GCTACAACAAGAGCAGCACAGGA

一、磷对 *GhSOS1* 基因表达的影响

盐胁迫下，叶片喷施磷显著提高耐盐品种（L24）和盐敏感品种（G1）*GhSOS1* 基因相对表达量，且随着磷浓度的增加显著增加（图 10-1A）。与 P0 处理相比，施磷处理（P1、P2）*GhSOS1* 基因相对表达量增加 36.9%～59.8%（L24）和 27.2%～36.1%（G1）。

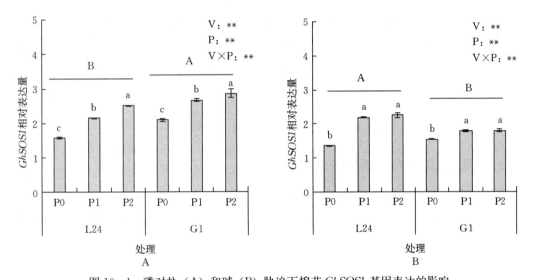

图 10-1　磷对盐（A）和碱（B）胁迫下棉花 *GhSOS1* 基因表达的影响

注：不同小写字母表示不同磷素喷施处理间差异显著（$P<0.05$）；不同大写字母表示不同品种间差异显著（$P<0.05$）。显著性水平中，***表示 $P<0.001$，**表示 $P<0.01$，*表示 $P<0.05$；ns 表示 $P\geqslant0.05$。下同。

喷施磷也显著提高碱胁迫下棉花的 *GhSOS1* 基因相对表达量，但 P1、P2 处理间无显著差异（图 10-1B）。耐盐品种（L24）和盐敏感品种（G1）施磷处理 *GhSOS1* 基因相对表达量较 P0 处理分别提高 61.7%～65.6% 和 16.0%～16.6%。总体上，碱胁迫下，叶片喷施磷对耐盐品种 *GhSOS1* 基因相对表达量的影响大于盐敏感品种。

二、微量元素对 *GhSOS1* 基因表达的影响

盐胁迫下，喷施不同微量元素均显著提高两个棉花品种的 *GhSOS1* 基因相对表达量（图 10-2A）。其中，耐盐品种（L24）Fe、Cu 处理 *GhSOS1* 基因表达上调最大，较 CK

分别增加 63.2% 和 57.6%；其次是 Mo、B 和 Fe＋Zn 处理。盐敏感品种（G1）的 *Gh-SOS1* 基因相对表达量表现为：Fe＋Zn 处理最大，较 CK 增加 12.2%。

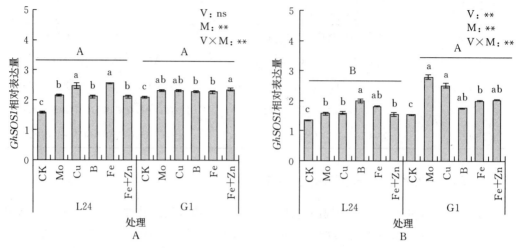

图 10 - 2　微量元素对盐（A）和碱（B）胁迫棉花 *GhSOS1* 基因表达的影响

碱胁迫下，喷施不同微量元素也显著增加了棉花 *GhSOS1* 相对表达量（图 10 - 2B）。L24 中，B 处理 *GhSOS1* 相对表达量上调幅度最大，其次是 Fe 处理，分别较 CK 增加 47.6% 和 34.3%。G1 中，Mo 和 Cu 处理 *GhSOS1* 相对表达量最大，分别较 CK 增加 82.2% 和 63.8%。

第二节　*GhNHX1* 基因表达

一、磷对 *GhNHX1* 基因表达的影响

盐胁迫下，喷施磷显著提高耐盐品种（L24）的 *GhNHX1* 基因相对表达量，且随磷浓度增加基因相对表达量呈增加趋势（图 10 - 3A），P1、P2 处理 *GhNHX1* 基因相对

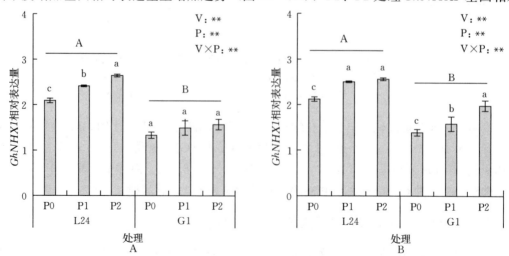

图 10 - 3　磷对盐（A）和碱（B）胁迫下棉花 *GhNHX1* 基因表达的影响

表达量较 P0 处理分别提高 15.4％、26.6％。施磷对盐敏感品种（G1）的 *GhNHX1* 基因相对表达量无显著影响。

碱胁迫下，不同施磷处理 L24 和 G1 的 *GhNHX1* 基因相对表达量变化趋势一致，均表现为 *GhNHX1* 基因相对表达量随磷浓度增加呈增加趋势（图 10 - 3B）。与 P0 处理相比，P2 处理 *GhNHX1* 基因相对表达量分别增加 16.9％（L24）和 14.5％（G1）。

二、微量元素对 *GhNHX1* 基因表达的影响

盐胁迫下，喷施微量元素显著提高 L24 的 *GhNHX1* 基因相对表达量（25.4％～32.8％），但不同微量元素处理间差异较小（图 10 - 4A）。对于 G1 而言，仅 Mo 处理显著提高 *GhNHX1* 基因相对表达量，较 CK 提高 15.1％。

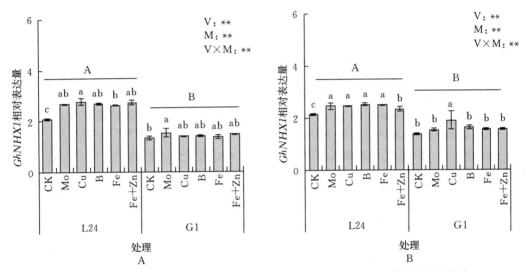

图 10 - 4　微量元素对盐（A）和碱（B）胁迫下棉花 *GhNHX1* 基因表达的影响

碱胁迫下，微量元素对耐盐品种（L24）*GhNHX1* 基因相对表达量的影响与盐胁迫相似；不同微量元素处理 *GhNHX1* 基因相对表达量增加 15.4％～18.3％（图 10 - 4B）。G1 中，Cu 处理 *GhNHX1* 基因相对表达量上调幅度最大（33.9％）。

第三节　*GhAKT1* 基因表达

一、磷对 *GhAKT1* 基因表达的影响

盐胁迫下，喷施磷显著提高 L24 的 *GhAKT1* 基因相对表达量（45％～50.5％），但不同浓度磷素处理间差异不显著（图 10 - 5A）。G1 的 *GhAKT1* 基因相对表达量随磷浓度增加显著提高，P1、P2 处理 *GhAKT1* 基因相对表达量较 P0 处理分别提高 25.7％、48.3％。

碱胁迫下，喷施磷显著增加 L24 和 G1 的 *GhAKT1* 基因相对表达量，分别提高 78.3％～79.5％和 78.3％～87.7％，但 P1、P2 处理间差异不显著（图 10 - 5B）。

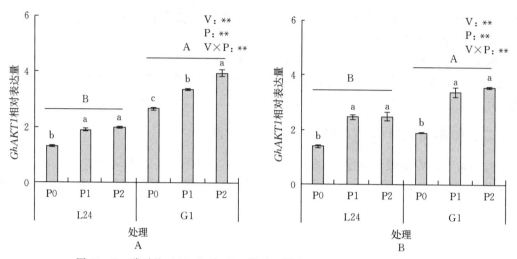

图 10 - 5　磷对盐（A）和碱（B）胁迫下棉花 *GhAKT1* 基因表达的影响

二、微量元素对 *GhAKT1* 基因表达的影响

盐胁迫下，喷施微量元素显著提高 L24 棉花 *GhAKT1* 基因相对表达量（37.2%～42.1%），但不同微量元素处理间差异较小（图 10 - 6A）。微量元素处理也显著增加 G1 的 *GhAKT1* 基因相对表达量（图 10 - 6B），但 Mo、Cu、B、Fe 和 Fe＋Zn 处理间差异不显著。碱胁迫下，微量元素对棉花 GhAKT1 基因相对表达量的影响与盐胁迫相似，不同微量元素处理间差异较小。

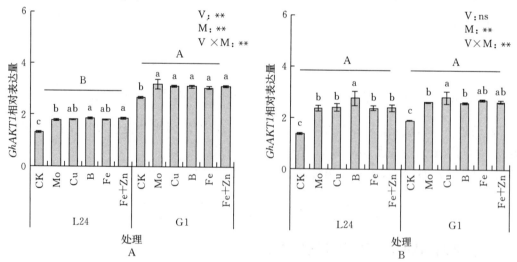

图 10 - 6　微量元素对盐（A）和碱（B）胁迫下棉花 *GhAKT1* 基因表达的影响

第四节　*GhVP1* 基因表达

一、磷对 *GhVP1* 基因表达的影响

盐胁迫下，耐盐品种（L24）和盐敏感品种（G1）*GhVP1* 基因相对表达量均随磷浓

度增加而增加（图 10-7A）。与 P0 处理相比，施磷处理（P1、P2）L24 和 G1 叶片 *GhVP1*
基因相对表达量分别上调 27.5%～33.5% 和 39.7%～54.0%。碱胁迫下，棉花 *GhVP1* 基
因相对表达量的影响见图 10-7B。碱胁迫下，施磷处理 L24 和 G1 的 *GhVP1* 基因相对表
达量均表现为上调，但 P1 和 P2 处理间差异不显著。

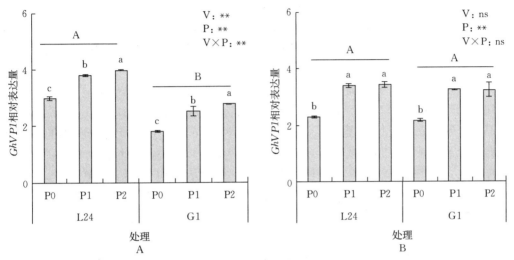

图 10-7　磷对盐（A）和碱（B）胁迫下棉花 *GhVP1* 基因表达的影响

二、微量元素对 *GhVP1* 基因表达的影响

盐胁迫下，微量元素显著提高两个棉花品种 *GhVP1* 基因相对表达量（图 10-8A）；
其中，盐敏感品种 G1 的 *GhVP1* 基因表达上调水平（49.6%～65.7%）高于耐盐品种
L24（26.2%～29.3%）。L24 中 B 处理 *GhVP1* 上调幅度最大，G1 中 Fe 处理上调幅度最
大。碱胁迫下，微量元素显著提高 *GhVP1* 基因相对表达量，不同微量元素处理间差异较
小，且品种间差异不显著（图 10-8B）。

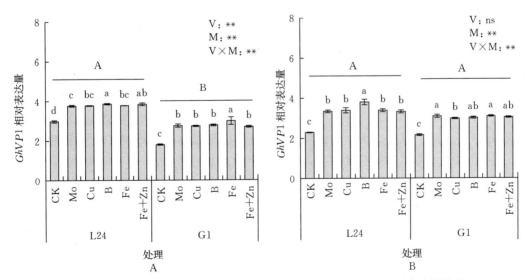

图 10-8　微量元素对盐（A）和碱（B）胁迫下棉花 *GhVP1* 基因表达的影响

棉花离子稳态变化中，Na^+ 是盐碱胁迫下影响棉花耐盐（碱）机制的关键离子，从 Na^+ 入手研究其分子机理对进一步认识离子稳态的变化有重要意义。*SOS1*、*NHX1*、*AKT1* 和 *VP1* 这些基因是前人已筛选出的与 Na^+ 转运相关的基因，相关基因表明：*GhSOS1* 基因相对表达量的提高可以显著促进 Na^+ 外排，减少 Na^+ 在细胞中的积累（Aleman，2010）。研究发现，盐胁迫下，喷施不同浓度磷素均能显著上调两个品种的 *GhSOS1* 相对表达量，且高浓度上调幅度最大。碱胁迫下，喷施磷素能显著上调耐盐品种 L24 的 *GhSOS1* 相对表达量，但处理间差异不明显。施磷对盐敏感品种 G1 的影响不显著。由此可表明施磷后，*GhSOS1* 基因过量表达确实可以提高棉花的耐盐性。盐胁迫下，喷施不同微量元素均显著提高两个棉花品种的 *GhSOS1* 基因相对表达量。其中，耐盐品种（L24）Fe、Cu 处理 *GhSOS1* 基因表达上调最大，其次是 Mo、B 和 Fe+Zn 处理。盐敏感品种（G1）的 *GhSOS1* 基因相对表达量表现为：Fe+Zn 处理最大。碱胁迫下，喷施不同微量元素也显著增加了棉花 *GhSOS1* 相对表达量。L24 中，B 处理 *GhSOS1* 表达量上调幅度最大，其次是 Fe 处理。G1 中，Mo 和 Cu 处理 *GhSOS1* 相对表达量最大。

在液泡中，Na^+ 的区隔化主要是由液泡膜 Na^+/H^+ 逆向转运蛋白 NHX 来完成的（Yamaguchi et al.，2006）。此外，研究表明，*NHX* 基因过量表达可以提高植物的耐盐性（Yang et al.，2008），包括棉花（He et al.，2005）、小麦（Xue et al.，2004）等多种作物。同时，刘雪华等（2017）研究发现随着盐浓度增加苦荞麦根、茎、叶中 *Ft-NHX1* 基因的表达量均显著增加。本研究发现，盐胁迫下 L24 叶片的 *GhNHX1* 基因相对表达显著高于 G1，并且 L24 品种均表现为高浓度磷（P2）处理的 *GhNHX1* 基因相对表达量显著高于其他处理。碱胁迫下，L24 和 G1 叶片 *GhNHX1* 基因相对表达量的变化趋势一致，均表现为高浓度磷（P2）处理最高，其次是低磷（P1）处理，均显著高于 P0 处理。盐胁迫下，喷施微量元素显著提高 L24 的 *GhNHX1* 基因相对表达量，但不同微量元素处理间差异较小。对于 G1 而言，仅 Mo 处理显著提高 *GhNHX1* 基因相对表达量。碱胁迫下，微量元素对耐盐品种（L24）*GhNHX1* 基因相对表达量的影响与盐胁迫相似。G1 中，Cu 处理 *GhNHX1* 基因相对表达量上调幅度最大。

在盐胁迫下，植物维持体内 Na^+/H^+ 稳态是抵御胁迫的主要方式之一，因此，本研究中也选取了与 K^+ 转运密切相关的基因 *AKT1* 进行分析。*GhAKT1* 基因是 K^+ 通过根系向地上部运输的主要通道基因（Xu et al.，2014）。前人已通过模式作物拟南芥进行研究，结果表明 *AKT1* 在低浓度和高浓度 K 条件下均对吸收过程起到作用（Dennison et al.，2001）。盐胁迫下，喷施不同浓度 P 后变化趋势为 L24 叶片的 *GhAKT1* 基因相关表达显著低于 G1。碱胁迫下，L24 和 G1 中各处理的 *GhAKT1* 基因相对表达量均显著上调，但处理间差异不显著。盐胁迫下，喷施微量元素显著提高 L24 棉花 *GhAKT1* 基因相对表达量，但不同微量元素处理间差异较小；微量元素处理也显著增加 G1 的 *GhAKT1* 基因相对表达量，但 Mo、Cu、B、Fe 和 Fe+Zn 处理间差异不显著。碱胁迫下，微量元素对棉花 *GhAKT1* 基因相对表达量的影响与盐胁迫相似，不同微量元素处理间差异较小。

VP 是液泡膜上的一种重要质子泵，在调控细胞膨胀、H^+ 电化学梯度、无机离子、有机酸和糖类等次级主动运输过程中发挥着重要作用（Maeshima，2000）。有研究表明，盐胁迫条件下，VP 为液泡中离子和其他溶质的积累提供驱动力（Sze et al.，1992）。Gaxiola 等（1999）在拟南芥上过量表达 *AVP1* 发现，液泡膜跨膜电化学势增强，液泡中无机离子 Na$^+$ 和 K$^+$ 浓度增加耐盐性提高。盐胁迫下，微量元素显著提高两个棉花品种 *GhVP1* 基因相对表达量；其中，盐敏感品种 G1 的 *GhVP1* 基因表达上调水平高于耐盐品种 L24。L24 中 B 处理 *GhVP1* 上调幅度最大，G1 中 Fe 处理上调幅度最大。碱胁迫下，微量元素显著提高 *GhVP1* 基因相对表达量，不同微量元素处理间差异较小，且品种间差异不显著。

主要参考文献

刘雪华，宋珊楠，张玉喜，等，2017. 苦荞麦 *FtNHX1* 基因的克隆及表达分析 [J]. 华北农学报，32 (4)：49 - 54.

徐娟，2014. 棉花钾离子通道基因 *GhAKT1* 和转运体基因 *GhKT2* 的克隆及功能分析 [D]. 北京：中国农业大学.

杨国栋，2007. 棉花耐盐基因 *GhNHX1* 启动子的克隆及功能分析 [D]. 泰安：山东农业大学.

赵春梅，崔继哲，金荣荣，2012. 盐胁迫下植物体内保持高 K$^+$/Na$^+$ 比率的机制 [J]. 东北农业大学学报，43 (7)：155 - 160.

赵小洁，穆敏，陆许可，等，2016. 棉花耐盐相关基因 *GhVP* 的表达及功能分析 [J]. 棉花学报，28 (11)：l22 - 128.

Aleman F，2010. The Arabidopsis thaliana HAK5 K$^+$ transporter is required for plant growth and K$^+$ acquisition from low K$^+$ solutions under saline conditions [J]. Molecular Plant，3 (2)：326 - 333.

Apse M P，Aharon G S，Snedden W A，et al.，1999. Salt tolerance conferred by over expression of a vacuolar Na$^+$/H$^+$ antiporter in Arabidopsis [J]. Science，285：1256 - 1258.

Chen X，Lu X，Shu N，et al.，2017. *GhSOS1*，a plasma membrane Na$^+$/H$^+$ antiporter gene from upland cotton，enhances salt tolerance in transgenic Arabidopsis thaliana [J]. PLOS ONE，12 (7)：e0181450.

Dennison K L，Robertson W R，Lewis B D，et al.，2001. Functions of *AKT1* and *AKT2* Potassium Channels Determined by Studies of Single and Double Mutants of Arabidopsis [J]. Plant physiology，127 (3)：1012 - 1019.

Gaxiola R A，Rao R，Sherman A，et al.，1999. The Arabidopsis thaliana proton transporters，AtNhx1 and Avp1，can function in cation detoxification in yeast [J]. Proceedings of the National Academy of Sciences，96 (4)：1480 - 1485.

He C，Yan J，Shen G，et al.，2005. Expression of an Arabidopsis vacuolar sodium/proton antiporter gene in cotton improves photosynthetic performance under salt conditions and increases fiber yield in the field [J]. Plant and Cell Physiology，46：1848 - 1854.

Licak K J，Schmittgen T D，2001. Analysls of relative gene expression data using real - time quantitative PCR and the 2 (Delta Delta C (T)) method [J]. Methods，25 (4)：402 - 408.

Maeshima M，2000. Vacuolar H$^+$ - pyrophosphatase [J]. Biochimica et Biophysica Acta (BBA) - Biomembranes，1465 (1 - 2)：37 - 51.

Shi H，2002. The putative plasma membrane Na$^+$/H$^+$ antiporter *SOS1* controls long - distance Na$^+$ transport in plants [J]. The Plant Cell Online，14 (2)：465 - 477.

Sze H，Ward J M，Lai S，1992. Vacuolar H$^+$ - translocating ATPase from plants：structure，function，and isoforms [J]. Journal of Bioener - getics and Biomembranes，24 (4)：371 - 381.

Xu J，Tian X，Egrinya Eneji A，et al.，2014. Functional characterization of *GhAKT1*，a novel Shaker - like K$^+$ channel gene involved in K$^+$ uptake from cotton (*Gossypium hirsutum*) [J]. Gene，545 (1)：

61 - 71.

Xue Z Y, Zhi D Y, Xue G P, et al. , 2004. Enhanced salt tolerance of transgenic wheat (*Triticum aestivum* L.) expressing a vaculolar Na$^+$/H$^+$ antiporter gene with improved grain yields in saline soils in the field and a reduced level of leaf Na$^+$ [J]. Plant Science, 167: 849 - 859.

Yamaguchi T, Blumwald E, 2006. Deceloping salt - tolerant crop plants: challenges and opportunities [J]. Cell, 125: 1347 - 1360.

Yang C W, Jianaer A, Li C Y, et al. , 2008. Comparison of the effects of salt - stress and alkali - stress on photosynthesis and energy storage of an alkali - resistant halophyte *Chloris virgata* [J]. Photosynthetica, 46 (2): 273 - 278.

Zhu J K, 2003. Regulation of ion homeostasis under salt stress - ScienceDirect [J]. Current Opinion in Plant Biology, 6 (5): 441 - 445.

图书在版编目（CIP）数据

盐碱胁迫对棉花生长的影响及其生物学机制／闵伟，侯振安，郭慧娟主编.—北京：中国农业出版社，2024.1
ISBN 978-7-109-30875-6

Ⅰ.①盐… Ⅱ.①闵… ②侯… ③郭… Ⅲ.①棉花—盐胁迫—生物学—研究 Ⅳ.①S562.061

中国国家版本馆 CIP 数据核字（2023）第 125168 号

中国农业出版社出版

地址：北京市朝阳区麦子店街 18 号楼
邮编：100125
责任编辑：魏兆猛　文字编辑：张田萌
版式设计：杨　婧　责任校对：吴丽婷
印刷：中农印务有限公司
版次：2024 年 1 月第 1 版
印次：2024 年 1 月北京第 1 次印刷
发行：新华书店北京发行所
开本：787mm×1092mm　1/16
印张：9.5
字数：230 千字
定价：50.00 元